中国住区智能化技术评估手册

陈 龙　张公忠
张成泉　于大鹏　编著

中国建筑工业出版社

图书在版编目（CIP）数据

中国住区智能化技术评估手册/陈龙等编著.—北京：
中国建筑工业出版社，2005
 ISBN 7-112-07853-9

Ⅰ．中... Ⅱ．陈... Ⅲ．住宅-智能建筑-技术
评估-中国-手册 Ⅳ．TU241-62

中国版本图书馆 CIP 数据核字（2005）第 130800 号

中国住区智能化技术评估手册

陈 龙　张公忠
张成泉　于大鹏　编著

*

中国建筑工业出版社出版、发行（北京西郊百万庄）
新 华 书 店 经 销
北京华艺制版公司制版
北京富生印刷厂印刷

*

开本：787×1092 毫米　1/16　印张：7½　字数：190 千字
2005 年 11 月第一版　2006 年 3 月第二次印刷
印数：3001—5000 册　定价：**18.00** 元
ISBN 7-112-07853-9
(13807)

版权所有　翻印必究
如有印装质量问题，可寄本社退换
（邮政编码 100037）

本社网址：http://www.cabp.com.cn
网上书店：http://www.china-building.com.cn

本书介绍住区智能化技术的评估内容和具体评价方法。根据我国现阶段不同档次住区的智能化建设水平，阐述了进行评估的各个方面；提出了按规划设计和运行验收两阶段进行评价的评分方案；同时列出了评估涉及到的智能化技术内容；汇集了较有代表性的住区智能化建设实例。本书可供业主、规划设计、系统集成以及施工人员在智能化住区规划、设计、施工及管理过程中参考。

* * *

责任编辑：俞辉群
责任设计：董建平
责任校对：孙　爽　王金珠

编委会名单

编委会主任：聂梅生

编委会副主任：沃瑞芳

编　　　著：陈　龙、张公忠、张成泉、于大鹏

审　　　校：李雪佩

编　　　委：（以姓氏笔画为序）

于大鹏、王　龙、刘若光、朱瑞琳、李雪佩

张公忠、张成泉、张雪舟、沃瑞芳、陈　龙

赵凤山、赵正挺、聂梅生、康　进

发 布 单 位：全国工商联房地产商会

前　　言

　　随着生活水平的不断提高，人们对其居住环境的质量要求也越来越高。住宅的功能、性能以及环境影响逐渐成为人们选择住区所关注的焦点，住宅既要健康、舒适、安全，又要具有良好的节约能源与资源的性能日益成为广大消费者的共识。住宅功能与性能的提升与其智能化水平密切相关，优异的智能化系统在给住户提供高效、优质服务的同时，还能够创造出一个节能、节水、环保、安全、舒适的生活环境。

　　住区智能化系统包括安全防范子系统、通信网络子系统、机电设备控制子系统、物业管理子系统等诸多部分，均与住区用户的生活和工作密切相关。虽然此前国内有关部门也出台过不少与住区智能化相关的标准和导则，但大多都是定性的，缺乏可以定量进行评估的依据。另一方面，全国每年竣工的住区成千上万，智能化水平也是千差万别，客观上急需出台一个比较全面又具有可操作性的评估标准来对住区智能化进行验收和评价。

　　在此背景下，全国工商联房地产商会，在关注生态住宅建设、推出了《中国生态住宅技术评估手册》之后，又注意到住区智能化的评估需求，组织国内知名专家进行研究并推出这本《中国住区智能化技术评估手册》，以此作为对各类住区进行评估的尝试，并期望在随后的实践进程中不断地加以完善。

　　本评估手册分两篇编排，第1篇为评估篇，含第1、2两章。第1章列出了评估的对象和条件；第2章对普通住宅和高档住宅给出了规划设计阶段和运行验收阶段的评估内容和评价方法。第2篇为技术参考篇，含第3、4两章。第3章阐述了评估涉及的技术内容；第4章提供了较有代表性、可供参考的住区智能化建设实例。附录则收集了与住区智能化相关的文件。

　　本评估手册由全国工商联房地产商会策划和组织编写。第1篇由张公忠、于大鹏、张成泉共同编写。第2篇由陈龙编写，并整理了全部实例。在评估手册最终定稿之前，编委会曾组织有关专家和厂商对书稿进行了评审，编写组经过多次讨论和修改，最后定稿。

　　衷心感谢向本评估手册提供智能化实例的项目建设单位和专家，也十分感谢提供相应素材的书刊、杂志和媒体，他们的出色报导为本评估手册增添了光彩。

　　愿我国的住区建设更加丰富多彩，愿我国的住区成为人民安居乐业的满意场所。

　　欢迎使用本评估手册的读者对书中欠妥之处提出批评指正，以求其实用，并更具可操作性。

目 录

第1篇 评估篇

第1章 评估体系 ··· 1
1.1 评估原则 ·· 1
1.2 评估阶段划分 ··· 1
1.3 评估需具备的条件 ·· 2
    1.3.1 规划设计阶段评估需具备的条件 ······································· 2
    1.3.2 运行验收阶段评估需具备的条件 ······································· 2
1.4 被评估系统组成部分 ··· 2
1.5 被评估住区类型及功能配置 ·· 3

第2章 评估计分标准 ··· 5
2.1 普通住区（含经济适用）评分标准 ·· 5
    2.1.1 规划设计阶段评分标准（500分）······································ 5
    2.1.2 运行验收阶段评分标准（500分）······································ 8
2.2 高档住区（含独立、连体别墅）评分标准 ································· 12
    2.2.1 规划设计阶段评分标准（500分）···································· 12
    2.2.2 运行验收阶段评分标准（500分）···································· 17

第2篇 技术参考篇

第3章 住区智能化的技术内容 ··· 23
3.1 住宅室内部分 ·· 23
    3.1.1 住宅的安全性 ·· 23
    3.1.2 家居的智能化程度 ··· 23
    3.1.3 家庭娱乐性能 ·· 27
3.2 住区公共部分 ·· 28
    3.2.1 住区的安全性保障 ··· 28
    3.2.2 住区的通信网络系统 ··· 28
    3.2.3 住区物业管理系统与集成平台 ······································· 30
    3.2.4 住区的停车场管理系统 ··· 31
    3.2.5 住区内一卡通收费及消费管理系统 ································ 32
    3.2.6 住区的自动抄表系统 ··· 32
    3.2.7 住区的公共广播系统 ··· 33
    3.2.8 住区的大屏幕公告显示系统 ·· 33

3.2.9　住区公用设备的控制与管理 …………………………………… 33
　　　3.2.10　管线系统 …………………………………………………………… 36
　　　3.2.11　中心控制室机房 …………………………………………………… 37

第4章　参考案例 …………………………………………………………………… 38
4.1　东阳：海德国际社区多形态高档住宅群 …………………………………… 38
　　　4.1.1　建设内容 …………………………………………………………… 38
　　　4.1.2　建设步骤 …………………………………………………………… 40
　　　4.1.3　家庭安防和智能化配置 …………………………………………… 44
　　　4.1.4　住区管理中心建设 ………………………………………………… 46
　　　4.1.5　数码港建设 ………………………………………………………… 47
　　　4.1.6　酒店安防和智能化建设 …………………………………………… 47
4.2　上海：汤臣国宝超高层豪华住宅的智能化系统 …………………………… 48
　　　4.2.1　智能化建设概要 …………………………………………………… 48
　　　4.2.2　智能化系统技术重点 ……………………………………………… 48
　　　4.2.3　系统功能简述 ……………………………………………………… 49
4.3　杭州：现代城——以IBMS集成平台构建住区智能化系统 ……………… 55
　　　4.3.1　概述 ………………………………………………………………… 55
　　　4.3.2　智能化系统构成 …………………………………………………… 56
　　　4.3.3　综合保安管理系统 ………………………………………………… 57
　　　4.3.4　闭路电视监控系统 ………………………………………………… 59
　　　4.3.5　报警和巡更系统 …………………………………………………… 60
　　　4.3.6　感应式门禁系统 …………………………………………………… 60
　　　4.3.7　停车场管理系统 …………………………………………………… 61
　　　4.3.8　家庭智能化系统 …………………………………………………… 62
　　　4.3.9　可视对讲系统 ……………………………………………………… 62
　　　4.3.10　机电设备管理系统 ………………………………………………… 63
　　　4.3.11　公共信息显示系统 ………………………………………………… 63
　　　4.3.12　背景音乐/紧急广播系统 ………………………………………… 64
　　　4.3.13　卫星接收系统 ……………………………………………………… 64
　　　4.3.14　物业计算机管理系统 ……………………………………………… 66
　　　4.3.15　住区局域网络系统 ………………………………………………… 66
　　　4.3.16　中央机房控制系统 ………………………………………………… 67
4.4　东营：市直机关经济适用住房的智能化系统 ……………………………… 67
　　　4.4.1　总体设计的指导思想 ……………………………………………… 68
　　　4.4.2　系统总体结构 ……………………………………………………… 68
　　　4.4.3　信息集成管理系统 ………………………………………………… 71
　　　4.4.4　安全防范系统 ……………………………………………………… 73
　　　4.4.5　智能化管理系统 …………………………………………………… 73
4.5　深圳：梅林三村住宅智能化建设 …………………………………………… 79

4.5.1　智能化系统概述及网络结构 ………………………………………………… 79
　　4.5.2　智能化系统设计 ……………………………………………………………… 80
4.6　采用电力线作传输载体的住区智能化系统 …………………………………………… 81
　　4.6.1　新世纪花园智能化系统建设概述 …………………………………………… 81
　　4.6.2　住区信息系统 ………………………………………………………………… 82
附录1　居住小区智能化系统建设要点与技术导则（2003年修订稿）……………… 84
附录2　《住宅工程质量技术导则》之第十一章　智能化工程 ……………………… 91

第1篇 评估篇

第1章 评估体系

为了加强对住区智能化市场的管理，引导市场健康、有序地发展，提高住区智能化系统的综合效益，推动住区智能化技术的发展，创建一个健康、安全、舒适、方便以及节能、节水、环保的居住环境，特此制定本评估手册。

1.1 评估原则

住区智能化系统的评估原则包括以下5个方面：

（1）需求导向，合理配置：系统在功能和性能上必须满足需求，即所谓"适用性"，包括目前的和后续发展的需求。除了传统的弱电智能化需求外，必须注意可持续发展的需求。不同类型的住区需求是不一样的，因此系统的功能和相应的配置（合理的配置）会有较大的差别。

（2）优化结构，采用先进成熟技术：要求系统结构尽可能优化和简化，这对于降低投资、减少工程实施的复杂性以及系统管理和维护等均是有利的。要求所设计的系统和选用的产品在性能、功能上满足需求外，技术上是先进和成熟的，并具有一定的可扩展性。

（3）标准化与开放性：系统设计和产品选用必须符合标准化和开放性原则。标准包括行业标准、地方标准、国家标准和国际标准等。真正开放的标准和协议必须是：在系统中，遵循该标准和协议的不同厂商的软、硬件产品是可以无条件互换的。在不同的住区的智能化系统中，至少要求集成平台（包括软、硬件）符合统一的、开放的标准和协议。而对于监控系统，由于其特有的繁杂性，除了遵循一定的标准外，并要求其整体上尽可能符合开放性原则。

（4）易于管理、维护：对于一个已经实施完成并正在运行的智能化系统，必须强化管理和维护的措施。因此在系统设计时，必须考虑到这一点，系统不仅可以而且便于管理和维护。要求进行集中的管理维护，并尽可能对系统中每个节点、每个线段都可进行管理维护。同时，还必须强调多个智能化系统集中管理和维护的重要性和迫切性，要做到这一点，要求每个智能化系统具有一致性的、遵循TCP/IP协议的、集成的管理和维护平台（包括软、硬件）。

（5）投资合理：在系统设计和产品选择时，既要符合上述几点原则，又要关注投资的合理性，即符合高"性价比"原则。

1.2 评估阶段划分

鉴于评价内容具有阶段性特点，同时为了更好地进行跟踪和控制，保证被评项目智能化系统质量,将评估分为规划设计阶段和运行验收阶段两个阶段进行。对每个住区的智能化系统,可以分别进行两阶段的评估,也可以只进行运行验收阶段评估。

1.3 评估需具备的条件

1.3.1 规划设计阶段评估需具备的条件

(1) 被评估的住区应该是新建和改建的具备智能化系统的住宅小区,建筑面积应不低于 20000m^2。

(2) 必须成立专门的评估委员会(或专家组)进行评估,评估委员会(或专家组)均为第三方并由专业人员和管理人员组成。

(3) 进行评估时,应提供如下文件与资料:

1) 评估申请表;
2) 智能化系统招标、投标文件,设计文件,商务与技术合同;
3) 评估委员会(或专家组)认为需要提供的其他文件与资料。

1.3.2 运行验收阶段评估需具备的条件

(1) 被评估的住区应该是新建和改建的具备智能化系统的住宅小区,建筑面积应不低于 20000m^2。

(2) 被评估的智能化系统需经相关检测机构检测合格,并在竣工验收合格后至少稳定运行 3 个月以上(中央空调系统除外)。

(3) 必须成立专门的评估委员会(或专家组)进行评估,评估委员会(或专家组)均为第三方并由专业人员和管理人员组成。

(4) 进行评估时,应提供如下文件与资料:

1) 评估申请表;
2) 智能化系统招标、投标文件,设计文件,商务与技术合同;
3) 智能化系统设备的出厂合格证书及检验报告;
4) 智能化系统检测报告、竣工和工程验收文件;
5) 隐蔽工程验收文件;
6) 智能化系统 3 个月的运行记录(包括能耗和用水);
7) 物业管理工作纪录;
8) 评估委员会(或专家组)认为需要提供的其他文件与资料。

1.4 被评估系统组成部分

(1) 公共安防系统:包括周界防范、视频监控、楼宇访客对讲、巡更、停车场、消防等子系统。

(2) 设备监控系统:包括变配电、电梯、公共照明、给水排水、送排风、冷热源、园林绿化与景观等设备的监视或监控。

(3) 信息系统:包括信息网络及其所支撑的应用子系统;住区的信息网络上可能设置网站,连接因特网。

(4) 通信系统:包括电话、有线电视、背景音乐等子系统。住区中住户可以通过电话线或双向有线电视网访问因特网。

（5）家居智能化系统：包括家居布线系统、家庭接线盒或家庭网络及其所支撑的家庭安防、三表、家电（信息、娱乐、生活）等设备所组成的系统。

（6）集成和物业管理系统：包括集成平台和物业管理两部分内容。集成平台可以建立在信息网上，也可建立在设备监控或安防管理网上。物业管理除了传统的基于集成平台的物业计算机管理系统外，还包括了三表自动集抄、停车场出入口管理、一卡通管理、信息公告等子系统以及火灾报警系统。

（7）管线系统：包括公共区域中所有弱电的管线系统。

（8）机房系统：包括机房空间布局，安防、空调、照明、电源等设备的配置和监控，防雷、接地、防电磁干扰等措施。

（9）生态监控系统：包括住宅和公共区域的生态环境监测、节能与节水数字化控制等。

1.5 被评估住区类型及功能配置

不同类型、不同档次、不同居住对象的住区对智能化系统的功能需求是不同的。为了简便起见，这里将住区分成两种类型，并对每种类型规定了智能化系统功能配置要求，如表1-1所示。

两种住区类型的智能化系统功能配置　　　　　　　　表1-1

住区类型	公共安防	设备监控	信息系统	通信系统	家居智能	集成物业	管线系统	机房系统	生态监控
普通住区 （含经济适用）	*/**	*	*/**	*/**	*	*/**	*/**	*	*
高档住区 （含独立、联体别墅）	**/***	**	***	***	**/***	***	***	**/***	**/***

表中功能配置分为 *、**、*** 3个级别。*** 为最高级别功能配置，* 为最低级别功能配置。对各个组成部分的分级说明如下。

（1）对于住区的公共安防系统来说，包括了周界防范、视频监控、楼宇访客对讲、巡更4个主要的子系统。4个子系统配齐为 ***，缺少1~2个子系统为 **，只配置一个子系统（例如只有楼宇访客对讲）为 *。

（2）对于住区的设备监控系统来说，包括了住区的给水排水、变配电、公共照明和绿地喷洒、供热、会所等公共建筑的集中空调和送/排风、电梯监视等子系统。这些子系统基本配齐的为 ***，只配置1~2个主要子系统（包括给水排水、变配电、公共照明和电梯监视等）为 *，其他配置为 **。

（3）对于住区的信息系统来说，*** 级别的功能配置是齐全的，即两层或三层结构的 TCP/IP 以太网，主干为千兆位以太网，10M/100Mbps 以太网到户；在以太网上建立了住区网站，配置了内部信息应用服务器提供区内各种信息服务，配置了互联网服务器实现互联网的接入。如果是高档住宅楼或商住楼，则要考虑家居布线。

** 级别表示配置了主干网传输率为 100Mbps 结构简单（单层或两层）的 TCP/IP 以太网，可能建立小型网站，提供必要的内部和互联网信息服务。

* 可以通过传输率 10M/100Mbps 以太网连接互联网，但不建立网站，在以太网上提

供少量的内部信息服务。某些经济适用住宅区可能不配置基于以太网的信息系统。住户通过 xDSL 或双向有线电视网访问互联网。

（4）不论何种类型的住区，电话和卫星有线电视都是必须的配置。有些住区通过 xDSL 或双向有线电视网访问互联网。

（5）对于家居智能来说，＊级别只配置了家庭接线箱。＊＊和＊＊＊两种级别都要配置家庭智能控制器，＊＊级别的家庭智能控制器功能较少，主要实现家庭安防和 PC 类设备的家庭联网，并通过家庭智能控制器与物业管理连接。＊＊＊级别表示配置了功能较强的家庭智能控制器，完整的功能是实现三表（水表、电表、燃气）、三防（防盗、防火、防燃气泄漏）、各种家电联网，并通过家庭智能控制器与物业管理联接。

（6）对于集成与物业管理，包括集成平台（具有联动功能）和物业管理两部分内容。集成平台可以建立在信息网上，也可建立在设备监控或安防管理网上。物业管理除了传统的基于集成平台的物业计算机管理系统外，还包括了表具自动集抄、车辆出入口管理、一卡通管理、背景音乐与公共广播、信息公告等子系统。＊＊＊级别包括上述全部内容。＊＊级别包括了固有的集成平台和物业计算机管理系统，其他的子系统可能缺少 1～2 个。＊级别可能只包括物业计算机管理系统，而其他子系统则有 1～2 个，在＊级别中，并不强调建立集成平台。

（7）对于管线系统，包括楼内公共区域的管线与住区内的主干管道，并与住区外公共管线连接。主干管道内要包括光纤宽带网、电话电缆、闭路监视干线、有线电视线路、消防报警主干线路、住区背景音乐等 6 条管网。室外管道应具有防水功能。配置齐全的为＊＊＊级，仅考虑主干管道为＊＊级别，只考虑电话、有线电视干管和实施的为＊级。

（8）对于机房系统，住区中心机房应考虑设置在区内的合适的位置、有合理的面积、高度和布局；并要着重考虑机房的室内外环境、建筑装修（天花、地板、墙面、门窗等）、设备布置、电气工程（配电、照明、接地）、UPS 电源、防雷、机房专用空调、消防灭火、出/入口控制、以及进出管线等设施。考虑齐全的为＊＊＊级，只着重考虑 2～3 项实施的为＊级，其他情况为＊＊级。

（9）对于生态监控系统，包括环境监测和节能与节水控制两部分内容，既要考虑住宅，也要考虑住宅外的公共区域。＊＊＊级别对环境和节能、节水都有全面的要求。＊＊级别对环境和节能、节水有基本要求。＊级别只对环境有基本要求。

第 2 章 评估计分标准

2.1 普通住区（含经济适用）评分标准

2.1.1 规划设计阶段评分标准（500分）

普通住区（含经济适用）规划设计阶段评分标准　　　　表 2-1

项目		措施与评分细则	满分	得分
安全防范系统（75分）	适用性与先进性（15分）	1. 所选择的方案为系统扩展留有充裕的接口		
		2. 安防产品具有与未来业主和管理者水平相适应的可操作性		
	系统的严密性（15分）	3. 考虑了住区周界的形状和地形，设计了合适的安防形式		
		4. 考虑了建筑周边的情况，设计了合适的安防形式		
		5. 住区内部安装了出入口管理系统		
	系统结构优化（15分）	6. 安防系统与其他智能化系统采用了一体化设计		
		7. 基于TCP/IP的网络结构		
		8. 能够实现安防设备报警与人员报警的联动		
	系统可管理程度（15分）	9. 具有安防设备管理功能的系统软件		
		10. 住区内设备状态可以自动报告到管理中心		
	系统性价比（15分）	11. 安防产品的功能满足业主需求		
		12. 产品的外观表现出对户内外环境的适应特点		
		13. 产品具有合理的价格		
设备监控系统（50分）	适用性与先进性（15分）	14. 所设计的系统符合主流的工业控制标准		
		15. 系统能够实现住区所需目标设备的监控		
	系统结构优化（10分）	16. 与其他智能化系统采用了一体化管线设计		
		17. 尽量减少不必要的冗余		
	系统集成和系统联动（15分）	18. 具有设备监控综合管理的系统集成软件		
		19. 能够实现子系统的联动		
	系统性价比（10分）	20. 设备监控产品的功能满足业主需求		
		21. 产品具有合理的价格		

续表

项目		措施与评分细则	满分	得分
信息系统（包括综合布线、互联网接入、局域网及其所支撑的信息服务系统）（75分）	适用性与先进性（20分）	22. 为未来的信息服务发展预留了足够的带宽和接口		
		23. 所提供的信息服务满足大多数业主的需要		
		24. 具有因特网接入功能		
	安全性与可靠性（20分）	25. 有合适的信息安全保障措施		
		26. 所设计的系统考虑了可靠性		
	系统可管理程度（20分）	27. 系统具有配线分线系统，便于以后的配线和扩展		
		28. 系统考虑了可管理和维护的措施		
	系统性价比（15分）	29. 系统满足未来3~5年发展的需要		
		30. 系统所选用的设备具有较为合理的价格和较高的稳定性		
家居智能控制（50分）	家居联网方式（10分）	31. 配置家居智能配线箱或低档家居智能控制器		
	家居功能特点（10分）	32. 能够实现报警功能和住区基本信息的传送		
	系统结构优化（10分）	33. 能够将家居安防、家电监控等融合在一个系统中		
		34. 住户能够实现简易的遥控操作		
	系统可管理程度（10分）	35. 住户可以方便地进行本地管理		
		36. 住区物业可以方便地进行设备状态监测		
	系统性价比（10分）	37. 设备的功能满足业主需求，并具有操作简单、外观考究的特点		
		38. 具有合理的价格		
通信系统（包括电视和电话系统）（50分）	适用性与先进性（25分）	39. 电视、电话配置数量上能够适应目前应用需求		
		40. 在室内外布线上充分考虑到以后的容量扩展		
		41. 在设备和管网上有预留		
	系统可管理程度（15分）	42. 电话和电视系统在统一的机房内，并且根据住区的实际情况设置了分机房		
	系统性价比（10分）	43. 传统的电视和电话在满足需求的配置前提下，考虑未来的发展		
		44. 系统具有合理的价格		

续表

项目		措施与评分细则	满分	得分
物业管理系统（50分）	物业系统（25分）	45. 系统具有功能较完善的（业主管理、物业服务、投诉管理等）住区物业管理软件		
		46. 系统具有软件可升级、可扩充功能模块、可增加服务等特点，满足未来发展的需要		
		47. 系统应该满足 ISO9002 服务体系的要求，力争达到规范化和标准化服务		
	一体化物业管理（25分）	48. 住区可以部分实现一卡通管理		
生态监控系统（50分）	节能与节水监控（20分）	49. 住区的灯光实现智能控制，可以根据具体的天气和季节灵活调整开关时间		
		50. 住区的水箱和水泵实现了智能控制，可以根据需要自动调节水量与水压		
		51. 住区设置的绿化喷淋系统，可以根据需要自动调节出水量和工作时间		
		52. 充分利用太阳能资源		
	室内环境监控（15分）	53. 供热可实现分室控制		
		54. 集中的热水供应系统控制，节约能源、方便使用		
	住区环境监控（15分）	55. 安装背景音乐系统，可以分区播放音乐		
		56. 安装景观灯光系统，可以远程控制灯光效果		
		57. 有完善的基于过程控制的软件管理平台		
管线系统（25分）	管线组网优化设计合理配置（15分）	58. 电话、有线电视、光纤宽带网、背景音乐等干管、管线设计合理		
	性价比与可管埋性（10分）	59. 管材选型正确，材料合格，管路维修方便，价格合理		
机房、电源、防雷、接地（25分）	机房装修、环境和可管理性（5分）	60. 装修材料考虑环保，符合机房设计规范		
		61. 机房选址符合设计规范，便于管理		
	电源容量及可靠性设计（5分）	62. 双电源末端切换、UPS 配置、支持时间符合用户要求		

续表

项目		措施与评分细则	满分	得分
机房、电源、防雷、接地（25分）	空调、照明、安防（5分）	63. 空调质量、机房照度、安防设置符合设计规范		
	防雷与接地设计（5分）	64. 信息防雷、接地系统符合规范		
	性价比（5分）	65. 设备选型正确，材料合格，价格合理		
系统集成商（20分）	资质（5分）	66. 具有系统集成设计甲级和弱电总承包乙级以上资质		
	业绩（5分）	67. 已完成同类工程的总承包弱电项目至少2项		
	企业规模（5分）	68. 企业注册资本金至少为500万		
	企业资信（5分）	69. 企业具有AAA级以上资信		
施工组织与售后服务（30分）	施工组织（15分）	70. 施工组织计划书内容详细全面，包括施工人员安排、施工进度、质量控制、现场安全措施、工程验收等		
	售后服务（15分）	71. 提供至少2年的免费技术支持和持续的技术支持		
		72. 出现紧急情况时，在保修期内技术支持的响应时间在4h以内；在保修期外响应时间不超过8h		
		73. 能够提供各个层次使用人员的技术培训		
规划设计阶段得分总计				

2.1.2 运行验收阶段评分标准（500分）

普通住区（含经济适用）运行验收阶段评分标准　　　　表2-2

项目		措施与评分细则	满分	得分
安全防范系统（75分）	适用性（10分）	1. 建设规模、设备选型的档次与住区规模相适应		
		2. 管理模式和管理手段适合住区的居住群体		
	集成和联动功能（10分）	3. 实现了集成管理		
		4. 安防设备报警和人员管理实现了联动		
	施工质量（15分）	5. 线路敷设整齐、规范		
		6. 设备安装规范，与景观和建筑体有机结合		
		7. 面板的安装周正、美观		

续表

项目		措施与评分细则	满分	得分
安全防范系统（75分）	运行稳定性（15分）	8. 系统所选用的设备符合标准要求		
		9. 系统经过3个月试运行没出现过死机等情况		
		10. 使用人员经过了严格的上岗培训，可以顺利完成系统的操作		
	可管理维护程度（15分）	11. 在机房内实现了对部分设备的远程管理		
		12. 有设备管理和维护档案，并有相应的管理软件		
	文件与资料（10分）	13. 有完整的规划方案、设计方案、设计文档		
		14. 有完整的施工文档和监理文档		
		15. 有完整的竣工图纸和竣工文档		
		16. 有管理员操作手册和业主使用手册		
设备监控系统（50分）	适用性（10分）	17. 能够满足住区对设备控制的要求，符合住区的档次和定位		
		18. 符合业主的使用要求，达到了设计目标		
		19. 符合管理人员的管理档次，设备能够连续可靠运行		
	施工质量（10分）	20. 线路敷设规范、美观、易于维护和管理		
		21. 设备接口安装规范、合理，满足系统设计要求		
		22. 监控设备的安装符合国家相关标准要求		
	运行稳定性（10分）	23. 系统所选用的设备符合标准要求		
		24. 系统经过3个月的试运行未出现死机等情况		
		25. 有设备管理和维护档案，并有相应的管理软件		
	文件与资料（10分）	26. 有完整的规划方案、设计方案、设计文档		
		27. 有完整的施工文档和监理文档		
		28. 有完整的竣工图纸和竣工文档		
		29. 有管理员操作手册和业主使用手册		
信息系统（包括综合布线、互联网接入、局域网及其所支撑的信息服务系统）（75分）	适用性（20分）	30. 系统能够满足目前和未来几年整个住区的应用需求		
		31. 实现了因特网访问		
		32. 实现了住区内部一般的信息服务		
	施工质量（20分）	33. 线路敷设规范、美观，易于今后的维护和管理		
		34. 配线架安装符合标准要求，配线规范、完整，标记清晰		
		35. 信息终端安装美观，与建筑体相匹配		
	运行稳定性（15分）	36. 线路传输达到设计的带宽要求，信号稳定		
		37. 信息终端能够持续工作，在试运行的3个月内没出现死机的情况		
		38. 因特网访问稳定，响应时间可以容忍		

续表

项目		措施与评分细则	满分	得分
信息系统（包括综合布线、互联网接入、局域网及其所支撑的信息服务系统）（75分）	可管理维护程度（10分）	39. 有清晰的配线分线系统，实现了配线和扩展的功能		
	文件与资料（10分）	40. 有完整的规划方案、设计方案、设计文档		
		41. 有完整的施工文档和监理文档		
		42. 有完整的竣工图纸和竣工文档		
		43. 有管理员操作手册和业主的使用手册		
家居智能控制（50分）	家居联网方式（10分）	44. 建立的系统基于TCP/IP协议		
	家居智能终端（10分）	45. 通过家居智能配线箱或家居智能控制器实现了家庭内部主要的智能化功能		
	施工质量（10分）	46. 设备安装规范、美观		
		47. 设备开通良好，没有运行不良的隐患		
	运行稳定性（10分）	48. 在试运行的3个月内没有出现死机和系统瘫痪的情况		
		49. 对电器的控制没有出现过失灵的情况		
	可管理维护程度（5分）	50. 为业主、管理和维护人员提供了详细的操作手册和维护手册		
	文件与资料（5分）	51. 有完整的施工文档和监理文档		
		52. 有完整的竣工图纸和竣工文档		
通信系统（包括电视和电话系统）（50分）	适用性（10分）	53. 为业主配置了足够的电话线路		
		54. 为业主配置了足够的有线电视接口		
	施工质量（10分）	55. 电话配线规范，标记完整		
		56. 有线电视分支分配合理，电视信号均衡稳定		
	运行稳定性（10分）	57. 电话未出现串音和杂音，电视图像达到四级以上验收标准		
		58. 在试运行的3个月内，系统未出现过重大问题		
	可管理维护程度（10分）	59. 电视、电话系统有完整的维护图纸		
	文件与资料（10分）	60. 有完整的规划方案、设计方案、设计文档		
		61. 有完整的施工文档和监理文档		
		62. 有完整的竣工图纸和竣工文档		

续表

项目		措施与评分细则	满分	得分
物业管理 (50分)	物业系统 (20分)	63. 建成的物业系统具有完善的业主管理功能、物业服务功能、投诉管理功能等住区物业管理模块		
		64. 系统符合ISO9002服务体系的要求,达到了规范化和标准化服务		
	一体化 物业管理 (20分)	65. 住区实现了部分一卡通管理		
		66. 系统具有易于操作和易于维护的特点		
		67. 工程建设质量优良,产品选用符合标准,3个月运行中未出现重大问题		
	文件与 资料 (10分)	68. 有完整的规划方案、设计方案、设计文档		
		69. 有完整的施工文档和监理文档		
		70. 有完整的竣工图纸和竣工文档		
生态监控系统 (50分)	节能与 节水控制 (18分)	71. 实现了节能、节水控制		
		72. 各子系统与设备监控系统组成了可管理、可维护系统		
		73. 施工质量优良,系统设备适于长期户外等条件下工作		
	室内环 境监控 (12分)	74. 供暖实现了分室控制		
		75. 实现了集约的热水集中供应		
		76. 施工质量优良,系统设备适于长期工作		
	住区环 境监控 (10分)	77. 实现了住区景观灯光和背景音乐功能		
		78. 施工质量优良,系统设备适于长期户外等条件下工作		
	文件与 资料 (10分)	79. 有完整的规划方案、设计方案、设计文档		
		80. 有完整的施工文档和监理文档		
		81. 有完整的竣工图纸和竣工文档		
管线系统 (25分)	施工质量 (15分)	82. 电话通信干管、有线电视干管、宽带网干管、背景音乐干管等管线施工验收合格		
	文件与资料 (10分)	83. 有完整的设计文档、施工文档、监理文档和竣工文档		
机房、电源、防雷、接地 (25分)	适用性 (5分)	84. 满足了设备防静电、防雷、接地的要求,满足了设备对供电的要求		
		85. 满足了机房消防和安防的要求		
	施工质量 (5分)	86. 机房装修符合国家相关标准的要求,机房的静电接地和避雷接地都经过了严格的测试		
		87. 设备安装规范,符合标准的技术要求		
	运行 稳定性 (5分)	88. 机房的运行过程中未发生过因静电问题而引起的设备损坏,也未发生过雷击造成的设备损坏		
		89. 机房的消防和安防运行正常,未发生过机房相关的责任事故		

续表

项目		措施与评分细则	满分	得分
机房、电源、防雷、接地（25分）	可管理维护程度（5分）	90. 机房的安防、消防的设备控制具有相应的管理接口和管理程序		
		91. 交换机和网络配线架管理方便		
	文件与资料（5分）	92. 有完整的规划方案、设计方案、设计文档		
		93. 有完整的施工文档和监理文档		
		94. 有完整的竣工图纸和竣工文档		
施工组织与售后服务（50分）	技术配备（10分）	95. 能够按照合同要求配备强有力的技术团队，能够完成从布线到设备调试直至技术培训的全部技术环节		
	人员管理（10分）	96. 人员管理规范严格		
	安全管理（10分）	97. 完善的安全管理制度和人员配备		
	技术支持（10分）	98. 能够按照合同要求提供技术支持和售后服务		
	响应时间（5分）	99. 能够按照合同要求保证出现紧急情况的技术响应时间		
	技术培训（5分）	100. 提供了管理人员和维护人员的技术培训，使之顺利地进行运行、维护工作		
运行验收阶段得分总计				

2.2 高档住区（含独立、连体别墅）评分标准

2.2.1 规划设计阶段评分标准（500分）

高档住区（含独立、连体别墅）规划设计阶段评分标准　　　　表2-3

项目		措施与评分细则	满分	得分
安全防范系统（75分）	适用性与先进性（10分）	1. 组网方案符合数字化、网络化潮流		
		2. 设计方案为系统扩展留有充裕的接口		
		3. 采用的安防产品外观与建筑体的风格相匹配		
		4. 采用的安防产品在技术上具有一定的先进性，并具有与未来业主和管理者水平相适应的可操作性		
	系统的严密性（10分）	5. 充分考虑了住区周界的形状和地形，并设计了合适的安防形式		
		6. 充分考虑了住区内部道路和景观的具体情况，并设计了合适的安防形式		
		7. 充分考虑了建筑体周边的情况，并设计了合适的安防形式		
		8. 对建筑内部进行了合适的安防设计，但不影响业主的私密性		
		9. 住区内部安装了出入口管理系统和车速识别系统		

续表

项目		措施与评分细则	满分	得分
安全防范系统（75分）	系统结构优化（15分）	10. 与其他智能化系统采用了一体化布线设计		
		11. 基于TCP/IP的网络结构		
		12. 结合实际需求，某些子系统可以设计为非组网方式，以简化系统		
	系统集成和系统联动（10分）	13. 安防管理中心能够管理所有联网的安防设备		
		14. 安防管理中心能够实现周界、视频监控和安防报警探头的联动		
		15. 能够实现安防设备报警与人员报警的联动		
		16. 有包括设备和巡更综合管理的系统集成软件		
	系统可管理程度（15分）	17. 可以远程管理住区内的设备，包括程序的更新和数据读取等		
		18. 住区内设备状态可以自动报告到管理中心		
		19. 系统集成软件有设备管理和维护项目		
	系统性价比（15分）	20. 安防产品具有完善的功能		
		21. 产品的外观表现出精美的加工工艺或对户内外环境的适应特点		
		22. 产品具有合理的价格		
设备监控系统（50分）	适用性与先进性（10分）	23. 所设计的系统符合主流的控制标准		
		24. 系统能够接入住区宽带网络，构成与其他系统联动的基础		
		25. 为未来的住区发展留有充裕的接口		
		26. 控制接口和控制装置能够完成住区所有目标设备的监控		
	系统结构优化（10分）	27. 根据实际情况，恰当地设计为分布智能式监控系统		
		28. 与其他智能化系统采用了一体化布线设计		
		29. 尽量减少不必要的冗余		
	系统集成和系统联动（10分）	30. 基于TCP/IP宽带网络构建设备监控综合管理系统		
		31. 能够实现设备监控各子系统的联动		
		32. 能够实现设备监控系统与安防系统的联动		
	系统可管理程度（10分）	33. 可以远程管理住区内的设备，包括程序的更新和数据读取等		
		34. 住区内设备状态可以自动报告到管理中心		
		35. 系统集成软件有设备管理和维护项目		
	系统性价比（10分）	36. 设备监控产品具有完善的功能		
		37. 产品的外观表现出精美的加工工艺或对户内外环境的适应特点		
		38. 产品具有合理的价格		

续表

项目		措施与评分细则	满分	得分
信息系统（包括综合布线、互联网接入、局域网及其所支撑的信息服务系统）（75分）	适用性与先进性（15分）	39. 所设计的系统能够完成目前主流的信息服务功能		
		40. 构建的宽带网络可以满足高质量图像和语音信号的传输要求，并为未来的信息服务业务发展预留了足够的带宽和接口		
		41. 所提供的信息服务满足大多数业主的需要，并能够根据特殊需要提供信息服务		
	系统结构优化（15分）	42. 住区以光纤宽带网络作为主干		
		43. 采用了多网融合技术，融合了各个智能化子系统的信息传输		
		44. 按需可以为业主接入光纤，做到光纤到户		
	安全性与可靠性（15分）	45. 有合适的信息安全保障措施		
		46. 所设计的系统和选择的主要交换设备具备冗余可靠性		
		47. 对住户PC终端提供端口认证服务		
	系统可管理程度（10分）	48. 系统有清晰的配线分线系统，便于以后的配线和扩展		
		49. 系统配置了网络管理系统，并能结合地理信息系统，对以后的管线进行维护和管理		
	系统性价比（10分）	50. 系统选用的交换和接入设备具有较高的性能，并符合未来3~5年业务发展的需要		
		51. 系统所选用的设备具有较为合理的价格和较高的可靠性		
	信息服务功能（10分）	52. 能够为业主提供包括语音、视频在内的多媒体信息服务		
		53. 有高速因特网接入功能		
		54. 有为业主提供日常生活服务的信息平台		
		55. 有为业主提供娱乐的服务平台		
家居智能控制（50分）	家居联网方式（10分）	56. 基于家居智能控制器的联网方式，便于建设和维护		
		57. 主要设备采用基于TCP/IP的网络结构		
	家居功能特点（10分）	58. 能够完成安防报警、煤气报警和烟雾报警探测器的接入，并实现报警功能，能够完成住区基本信息的传送		
		59. 能够实现网络化的视频监控，在远程可以监控到室内重要部分的情景		
		60. 厨房内设置了安防监控分机		
		61. 能够实现灯光、窗帘和其他电器设备的电控、遥控和远程控制		
	系统结构优化（10分）	62. 能够将安防、监控和远程家居控制融合为一个网络		
		63. 本地控制设备能够实现遥控操作		

续表

项目		措施与评分细则	满分	得分
家居智能控制（50分）	远程监控方式（10分）	64. 能够实现基于WEB浏览的远程图像监控和设备远控		
		65. 能够实现基于电话和手机的远程设备和灯光控制		
	系统可管理程度（5分）	66. 用户在本地和远程均可以方便地进行管理		
		67. 住区物业可以方便地进行设备状态监测和重要设备控制		
	系统性价比（5分）	68. 家居智能控制设备具有操作简单、外观考究、性能优越的特点		
		69. 系统具有合理的价格		
通信系统（包括电视和电话系统）（25分）	适用性与先进性（5分）	70. 电视、电话接口配置数量适合目前应用需求		
		71. 室内外布线充分考虑了以后的容量预留		
		72. 充分考虑了以后多网合一的应用情况，在设备、布线和管网上有预留		
	多媒体应用程度（5分）	73. 基于住区宽带网络应用了音、视频多媒体终端		
	系统可管理程度（5分）	74. 电话和电视系统在同一机房内，并且根据住区的实际情况设置了分机房		
		75. 住区多媒体系统由管理中心进行服务和管理		
	系统性价比（10分）	76. 在目前传统的电视和电话足够数量的配置前提下，充分考虑未来的网络化发展，系统将具有较高的性能价格比		
物业管理（50分）	物业MIS系统（25分）	77. 物业MIS系统的建设基于宽带网络平台，服务器的能力满足当前和今后一段时间的应用要求，并且具有较好的可扩充性		
		78. 系统具有完善的业主管理功能、物业服务功能、投诉管理等标准物业管理程序		
		79. 系统具有分布式和网络化的特点，能根据住区的特征灵活设置物业服务站点		
		80. 系统具有软件升级、扩充功能模块、可增加服务等特点，满足未来发展的需要		
		81. 系统满足ISO9002服务体系的要求，力争达到规范化和标准化服务		
	智能一体化物业管理（25分）	82. 住区可以实现一卡通安防管理，包括出入口、楼宇门口、家庭门口的安防管理		
		83. 住区可以实现消费的一卡通管理，包括住区的商业、会所和缴费等		
		84. 消费的一卡通应与银行有畅通的接口		
		85. 与物业MIS系统有畅通的接口		
		86. 基于网络化设计，可以与其他子系统实现联动		

续表

项目		措施与评分细则	满分	得分
生态监控系统（50分）	节能与节水控制（15分）	87. 住区的灯光实现智能控制，可以根据具体的天气和季节灵活调整开关时间		
		88. 住区的水箱和水泵实现了智能控制，可以根据需要自动调节水量与水压		
		89. 实现空调与送风的自动控制，可以根据需要调节室温		
		90. 住区设置的绿化喷淋系统，可以根据需要自动调节出水量和工作时间，达到节水的目的		
		91. 充分利用太阳能资源		
	室内环境监控（10分）	92. 充分利用自然风调节空气质量		
		93. 安装中央吸尘系统，达到净化室内空气的目的		
		94. 供热可实现分室控制		
		95. 集中的热水供应系统，节约能源、方便使用		
	社区环境监控（10分）	96. 安装背景音乐系统，可以分区播放音乐		
		97. 安装景观灯光系统，可以远程控制灯光效果		
	生态设施的智能化管理（15分）	98. 基于工业总线或网络的设备远程控制和管理		
		99. 有完善的基于过程控制的软件管理平台		
管线系统（25分）	组网优化设计与合理配置（15分）	100. 电话通信、有线电视、光纤宽带网、监控、消防报警、背景音乐等干管、管线设计合理		
	性价比与可管理性（10分）	101. 管材选型正确，材料合格，管路维修方便，价格合理		
机房、电源、防雷、接地（50分）	适用性与先进性（15分）	102. 机房具有防静电、接地、防雷、下送风空调等基本系统，并符合国标规定的机房装修标准		
		103. 双电源末端切换，电源系统应配置稳压和UPS系统，保证各系统的稳定工作，UPS的容量兼顾未来的扩容		
		104. 防雷系统可根据当地的气候特点和住区的地理特点加以设计，能够避免雷击的危险		
	安全性与可靠性（15分）	105. 机房具有安防和气体灭火考虑，符合机房消防规范		
		106. 防雷、接地系统设计符合信息系统防雷接地设计规范		
	系统可管理程度（10分）	107. 机房的安防、消防设备控制具有相应的管理接口和管理程序		
		108. 交换机和网络配线架具有软配线功能，可以通过软件进行配线操作		

续表

项目		措施与评分细则	满分	得分
机房、电源、防雷、接地（50分）	系统性价比（10分）	109. 机房系统具有完善的功能和完备的设备配置		
		110. 系统具有合理的价格		
系统集成商（20分）	资质（5分）	111. 企业具有双甲级资质，即建设部系统集成设计甲级和弱电总承包壹级		
	业绩（5分）	112. 企业至少完成1000万的总承包弱电项目2项		
	企业规模（5分）	113. 企业注册资金至少1000万		
	企业资信（5分）	114. 企业具有AAA级以上资信		
施工组织与售后服务（30分）	施工组织（15分）	115. 有完善的施工技术管理，强有力的施工能力、质保措施和系统调试能力		
		116. 有完善的安全管理制度和人员配备		
	售后服务（15分）	117. 能够提供至少2年的免费技术支持和持续的技术支持		
		118. 出现紧急情况时，在保修期内技术支持的响应时间在4h以内；在保修期外响应时间不超过8h		
		119. 能够提供各个层次使用人员的技术培训		
		规划设计阶段得分总计		

2.2.2 运行验收阶段评分标准（500分）

高档住区（含独立、连体别墅）运行验收阶段评分标准　　表2-4

项目		措施与评分细则	满分	得分
安全防范系统（75分）	适用性（10分）	1. 建设规模与住区规模相适应		
		2. 设备选型的档次与住区的档次相适应		
		3. 设备的外观和工艺与建筑体比较匹配		
		4. 管理模式和管理手段比较适合住区的居住群体		
	集成和联动功能（10分）	5. 实现了一体化集成管理		
		6. 安防报警探测器与视频监控系统实现了联动		
		7. 报警和巡更系统与人员管理系统实现了联动		
		8. 报警系统设备与有线和无线通信设备实现了联动		
	施工质量（15分）	9. 线路敷设整齐、规范		
		10. 设备安装规范，与景观和建筑体结合良好		
		11. 面板的安装周正、美观		
	运行稳定性（15分）	12. 所选用的设备符合设备标准		
		13. 经过3个月的试运行，没出现过死机等情况		
		14. 使用人员经过了严格的上岗培训，可以顺利地完成系统操作		

续表

项目		措施与评分细则	满分	得分
安全防范系统（75分）	可管理维护程度（15分）	15. 在机房内实现了对设备的远程管理		
		16. 有设备管理和维护的档案，并有相应的管理软件		
		17. 业主家庭的设备建立了定期的巡检制度		
	文件与资料（10分）	18. 有完整的规划方案、设计方案、设计文档		
		19. 有完整的施工文档和监理文档		
		20. 有完整的竣工图纸和竣工文档		
		21. 有管理员操作手册和业主使用手册		
设备监控系统（50分）	适用性（10分）	22. 能够满足住区对设备控制的要求，符合住区的档次和定位		
		23. 符合业主的使用要求		
		24. 符合管理人员的管理档次，能够使得设备连续可靠运行		
	集成和联动（10分）	25. 整个住区的设备监控系统构成了完整的网络系统，实现了远程管理		
		26. 实现了中心控制下的各子系统联动		
		27. 对设备故障实现了联动管理，能够远程确认和远程处理		
	施工质量（10分）	28. 线路敷设规范、美观、易于维护和管理		
		29. 设备接口安装规范、合理		
		30. 监控设备的安装符合国家相关行业的标准要求		
	运行稳定性（10分）	31. 经过3个月的试运行，没出现过死机等情况		
	可管理维护程度（5分）	32. 在机房内实现了对设备的远程管理		
		33. 有设备管理和维护的档案，并有相应的管理软件		
	文件与资料（5分）	34. 有完整的规划方案、设计方案、设计文档		
		35. 有完整的施工文档和监理文档		
		36. 有完整的竣工图纸和竣工文档		
		37. 有管理员操作手册和业主使用手册		
信息系统（包括综合布线、互联网接入、局域网及其所支撑的信息服务系统）（75分）	适用性（15分）	38. 满足了整个住区的应用需求，包括带宽、服务和增值业务		
		39. 家庭语音和数据满足当前和未来几年的需求		
		40. 可以为住区的监控和安防管理提供充足的带宽		
	施工质量（15分）	41. 线路敷设规范、美观，易于今后的维护和管理		
		42. 配线架安装符合相关标准要求，配线规范、完整，标记清晰		
		43. 信息终端安装美观，与建筑体相匹配		

续表

项目		措施与评分细则	满分	得分
信息系统（包括综合布线、互联网接入、局域网及其所支撑的信息服务系统）（75分）	运行稳定性（15分）	44. 线路传输达到设计的带宽要求，信号稳定		
		45. 多媒体终端能够持续工作，在试运行的3个月内没出现死机的情况		
		46. 语音通信和移动通讯信号稳定，能够提供较高的QoS		
	可管理维护程度（10分）	47. 有清晰的配线分线系统，实现了配线和扩展功能		
		48. 实现了网络管理系统的功能，并结合地理信息系统，方便管线的维护和管理		
	文件与资料（10分）	49. 有完整的规划方案、设计方案、设计文档		
		50. 有完整的施工文档和监理文档		
		51. 有完整的竣工图纸和竣工文档		
		52. 有操作和使用手册		
	信息服务功能（10分）	53. 能够为业主提供包括语音、视频在内的多媒体通信		
		54. 有高速互联网接入功能		
		55. 有为业主提供日常生活服务的信息平台		
		56. 有为业主提供娱乐的服务平台		
家居智能控制（50分）	家居联网方式（10分）	57. 将家居布线纳入到了综合布线系统中，简化了系统布线		
		58. 建立的系统基于TCP/IP协议		
	家居功能特点（10分）	59. 实现了报警探测与家居控制的一体化接入，并完成了该系统的住区组网		
		60. 实现了在家庭内通过电视观察家庭周围情况，同时具有在中心和远程观察的功能		
		61. 具有低照度可视对讲功能		
		62. 厨房内安装了厨房多媒体终端，实现了可视对讲、电视接收、电话和收音等功能		
		63. 实现了灯光、窗帘、插座和部分电器的无线遥控和远程控制		
	施工质量（10分）	64. 设备安装规范、美观		
		65. 设备开通良好，没有运行不良的隐患		
	运行稳定性（10分）	66. 在试运行的3个月内没有出现死机和系统瘫痪的情况		
		67. 对电器的控制没有出现过失灵的情况		
	可管理维护程度（5分）	68. 为业主提供了详细的操作手册，管理和维护人员有详细的维护手册		
	文件与资料（5分）	69. 有完整的施工文档和监理文档		
		70. 有完整的竣工图纸和竣工文档		

续表

项目		措施与评分细则	满分	得分
通信系统（包括电视和电话系统）（25分）	适用性（5分）	71. 为业主配置了足够的电话线路，配备了家庭用的电话交换机		
		72. 为业主配置了足够的有线电视接口		
	多媒体应用程度（5分）	73. 为业主和商用提供了音视频多媒体终端，能够提供包括VOD在内的多种业务		
		74. 建设了远程会议电视系统，为住区的商务应用提供手段		
	施工质量（5分）	75. 电话配线规范，标记完整		
		76. 有线电视建设分支分配合理，电视信号均衡稳定		
		77. 多媒体终端安装位置合理，美观大方		
	运行稳定性（5分）	78. 电话未出现串音和杂音，电视图像达到四级以上验收标准		
		79. 在试运行的3个月内，多媒体系统未出现过重大问题		
	文件与资料（5分）	80. 有完整的规划方案、设计方案、设计文档		
		81. 有完整的施工文档和监理文档		
		82. 有完整的竣工图纸和竣工文档		
物业管理（50分）	物业MIS系统（20分）	83. 建成的物业MIS系统具有完善的业主管理功能、物业服务功能、投诉管理等标准物业管理程序		
		84. 满足ISO9002服务体系的要求，力争达到规范化和标准化服务		
		85. 系统布局合理，方便对业主的管理		
		86. 具有可维护、可升级的特点		
		87. 支撑的网络系统建设质量优良，适于MIS系统长期稳定运行		
	智能一体化物业管理（20分）	88. 住区实现了一卡通安防管理，包括出入口、楼宇门口、家庭门口的安防管理		
		89. 住区实现了消费的一卡通管理，包括住区的商业、会所和缴费等		
		90. 一卡通系统布局合理，既满足了安防需要又方便了业主的生活		
		91. 物业管理系统具有易于操作和维护的特点		
		92. 产品选用工业级标准，适于长期稳定运行		
	文件与资料（10分）	93. 有完整的规划方案、设计方案、设计文档		
		94. 有完整的施工文档和监理文档		
		95. 有完整的竣工图纸和竣工文档		

续表

项目		措施与评分细则	满分	得分
生态监控系统（50分）	节能与节水控制（10分）	96. 实现了住区节能、节水控制		
		97. 与设备监控系统一起组成了可管理可维护系统		
		98. 系统设备适于长期户外等条件下工作		
	室内环境监控（10分）	99. 实现了室内的中央吸尘、中央空调和集中供热水等功能		
		100. 系统设备适于长期工作		
	社区环境监控（10分）	101. 实现了住区景观灯光和背景音乐功能		
	生态设施的智能化管理（10分）	102. 实现了生态设备的智能化管理，有完善的管理软件平台		
	文件与资料（10分）	103. 有完整的规划方案、设计方案、设计文档		
		104. 有完整的施工文档和监理文档		
		105. 有完整的竣工图纸和竣工文档		
管线系统（25分）	施工质量（15分）	106. 电话通信干管、有线电视干管、光纤宽带网干管、监控干管、消防报警干管、背景音乐干管，管线施工验收合格；材料合格、管路维修方便、价格合理		
	文件与资料（10分）	107. 有完整的设计文档、施工文档和监理文档		
机房、电源、防雷、接地（50分）	适用性（10分）	108. 满足了设备防静电、防雷、接地的要求，满足了设备对供电的要求		
		109. 满足了机房消防和安防的要求		
	施工质量（10分）	110. 机房装修符合国家相关标准的要求，机房的静电接地和避雷接地都经过了严格的测试		
		111. 设备安装规范，符合标准的技术要求		
	运行稳定性（10分）	112. 机房的运行过程中未发生过因静电问题而引起的设备损坏，也未发生过雷击造成的设备损坏		
		113. 机房的消防和安防运行正常，未发生过机房相关的责任事故		
	可管理维护程度（10分）	114. 机房的安防、消防的设备控制具有相应的管理接口和管理程序		
		115. 交换机和网络配线架管理方便		
	文件与资料（10分）	116. 有完整的规划方案、设计方案、设计文档		
		117. 有完整的施工文档和监理文档		
		118. 有完整的竣工图纸和竣工文档		

续表

项目		措施与评分细则	满分	得分
施工组织与售后服务（50分）	技术配备（10分）	119. 配备了强有力的技术团队，能够完成从布线到设备调试直至技术培训的全部技术环节		
	人员管理（10分）	120. 人员管理规范严格		
	安全管理（10分）	121. 有完善的安全管理制度和人员配备		
	技术支持（10分）	122. 能够提供良好的技术支持，并且有能力协助业主完成与物业管理的技术交接		
	响应时间（5分）	123. 能够保证出现紧急情况的技术响应时间		
	技术培训（5分）	124. 提供了管理人员和维护人员的技术培训，使之顺利地进行运维工作		
运行验收阶段得分总计				

第 2 篇 技术参考篇

第 3 章 住区智能化的技术内容

3.1 住宅室内部分

3.1.1 住宅的安全性

无论是新建还是改建的住宅，均应将安全技术防范设施建设纳入整体规划及设计之中。住宅建设工程竣工后，配套建设的安全防范设施工程须进行验收，验收合格后方可投入使用。安全性要求如下：

（1）有防盗门，有可视（或非可视）对讲装置。

（2）要使用国家规定的安全门窗，主要有下列几种：

1）普通安全门窗——在现有门窗的基础上，把门窗的玻璃改为钢化或夹胶的安全玻璃。钢化玻璃的表面耐冲击能力是普通玻璃的 10 倍，夹胶玻璃则是在两层玻璃中间添加一层 pvb 膜。普通的安全门窗已被列入国家强制的 3C 认证。

2）具有防盗、防侵入的安全窗——在门窗的设计中，把多层夹胶玻璃与钢化玻璃组合，使其总厚度设计在 19mm 以上。此种门窗的使用可以替代护栏等防盗安全设施。

3）防爆、防弹的安全窗——3 层的夹胶玻璃就具有防爆、防弹的功能，而且通过在窗框中安装防弹钢板使窗框也是防爆、防弹的。

4）智能化的安全窗——安装窗磁、门磁等对非法入侵进行自动监控和报警；对需要屏蔽的场所采取措施防电磁辐射、防激光窃听。

（3）窗户上加装方向幕帘式红外探测入侵报警器。

（4）大门可加装门磁开关报警，入门手段依住宅档次不同，可有钥匙、指纹识别锁等。

（5）还可有电视监控装置，但因使用者水平差异较大，故一般不宜太复杂，也可自行设计组装（DIY），以符合自己的个性需求。

3.1.2 家居的智能化程度

通信和网络为人们工作和生活所必须，家居的智能化建设需要密切紧跟信息技术发展的最新动向，注重提高建筑物的智能化水平。家居智能化分 3 个层次，可根据其功能表现作出评价。

（1）低端的家居多媒体配线箱

家居多媒体配线箱是统一管理住宅内电话、计算机、电视机、卫星接收机、有线电视系统、家居安防设备、家庭影视音响娱乐设备、信息家电等的弱电管理箱，是为住户营造一个方便连接和统一管理的装置，其智能化程度有限。从技术上而言，它由一系列模块组

成,主要包括:

1) 电话交换端子模块,如提供 3 条进线 8 条出线的家庭小型交换机功能。

2) 电脑数据交换端子模块,如提供 10M 八口 Hub 的家庭局域网功能。

3) 有线电视交换端子模块,如提供 1 条进线分支为 4 的标准功率分配器。

4) 音视频连接端子模块,提供 4 组音视频(AV)插座自由组合连接的功能。

5) 安防监控端子模块,最基本的是有一个 9 针通用口及接线端子的不可视楼宇对讲模块,也有带视频端子的可视对讲模块,带红外、门磁、煤气泄漏报警和紧急呼叫按钮等功能的安防监控模块。

6) 标准电源模块,由小型变压器和稳压集成电路组成,提供标准低电压直流电源。

(2) 中端的家居控制器

家居控制器的特点是自带 CPU。它有不同层次的智能等级,也有不同的技术路线和方案。通过功能模块化设计来提高可靠性,RAM 内配置高能电池保证节点掉电后数据的保存。并具有三表远传、防火、防盗、煤气泄露报警、紧急呼叫及多种控制功能。

家居控制器是由一系列功能模块组成,主要功能如下:

1) 家居控制器主机的功能

通过总线与各种类型的模块相连接,通过电话线路、因特网、CATV 线路与外部相连接。家庭控制器主机根据其内部的软件程序,向各种类型的模块发出各种指令。

2) 家居通信网络的功能

➤ 电话线路——通过电话线路双向传输语音信号和数据信号。

➤ 因特网——通过因特网实现信息交互、综合信息查询、网上教育、医疗保健、电子邮件、电子购物等。

➤ CATV 线路——通过 CATV 线路实现 VOD 点播和多媒体通信。

➤ 正在成为热门的是家居无线局域网解决方案,只需要安装无线接入点,PCMCIA 卡、PCI 总线的无线网卡、无线网桥及各种天线,即可实现数百米范围内的无线通信,使您可以随时、随地、随意地获取信息(Anytime、Anywhere、Anyinformation),实现 3A 标准。也可采用蓝牙(Bluetooth)技术。

3) 家居设备自动化的功能

家居设备自动化主要包括电器设备的集中、遥控、远距离异地的监视、控制及数据采集。

➤ 家用电器的监视和控制:按照预先所设定程序的要求对微波炉、热水器、家庭影院、窗帘等家用电器设备进行监视和控制。

➤ 电表、水表和煤气表的数据采集、计量和传输:根据物业管理的要求在家居控制器内设置数据采集程序,可在某一特定的时间通过传感器对电表、水表和煤气表用量进行自动数据采集、计量,并将采集结果远程传送给住区物业管理系统。

➤ 空调机的监视、调节和控制:按照预先设定的程序根据时间、温度、湿度等参数对空调机进行监视、调节和控制。

➤ 灯光照明设备的监视、调节和控制:按照预先设定的时间程序分别对各个房间照明设备的开、关进行控制,并可自动调节各个房间的照明度。

➤ 窗帘的开启/关闭控制、电器器具的开/断电控制:可通过电话或因特网对家中的情况进行远程监控。

> 家居安全防范的功能

家居安全防范主要包括多警种（火警、盗警、煤气泄露警报、紧急呼叫等）、多防区、多路报警，防盗报警、安全对讲、紧急呼救等。家居控制器内按等级预先设置若干个报警电话号码（如主人的单位电话号码、手机电话号码、寻呼机电话号码和住区物业管理安全保卫部门电话号码等），在有报警发生时，按等级的次序依次不停地拨通上述电话进行报警（可报出家中是哪个系统报警了）。同时，各种报警信号通过控制网络传至住区管理中心，并可与其他功能模块实现可编程式联动（如：煤气报警同控制模块的联动）。

- 安全对讲：住宅的主人通过安全对讲设备与来访者进行双向通话或可视通话，确认是否允许来访者进入，并利用安全对讲设备对大楼入口门或单元门的门锁进行开启和关闭控制。
- 防盗报警：防盗报警的防护区域分成两部分，即住宅周界防护和住宅内区域防护。住宅周界防护是指在住宅的门、窗上安装门磁开关；住宅内区域防护是指在主要通道、重要的房间内安装红外探测器。当家中有人时，住宅周界防护的防盗报警设备（门磁开关）设防，住宅内区域防护的防盗报警设备（红外探测器）撤防。当家人出门后，住宅周界防护的防盗报警设备（门磁开关）和住宅区域防护的防盗报警设备（红外探测器）均设防。当有非法侵入时，家居控制器发出声光报警信号，通知家人及住区物业管理部门。另外，通过程序可设定报警点的等级和报警器的灵敏度。
- 紧急呼救：当遇到意外情况（如疾病或有人非法侵入）发生时，按动报警按钮向物业管理部门进行紧急呼救报警。紧急呼叫信号在网络传输中具有最高的优先级别。由于是人在紧急情形下的求助信号，其误报的可能性很小。
- 防火灾发生：通过设置在厨房的温感探测器和设置在客厅、卧室等的烟感探测器，监视各个房间内有无火灾的发生。如有火灾发生，家庭控制器发出声光报警信号，通知家人及物业管理部门。家居控制器还可以根据有人在家或无人在家的情况，自动调节温感探测器和烟感探测器的灵敏度。
- 防煤气（可燃气体）泄漏：通过设置在厨房的煤气（可燃气体）探测器，监视煤气管道、灶具有无煤气泄漏。如有煤气泄漏，家居控制器发出声光报警信号，通知家人及物业管理部门。

> 三表远传功能模块

随着住宅智能化技术的普及和提高，逐步实行水、电、气三表出户的统一管理，避免入户验表对居民生活的干扰，实现住宅能耗的自动检测、计算、收费和管理。进而还可以与智能化住区中的其他子系统无缝地集成到一起。

它应适合多种类型（包括冷热水、电、煤气表）的耗能表，并且改造起来非常方便。系统操作员可对费率灵活调整。完善的软件功能应能方便地根据楼栋、楼层、用户制表输出，以方便用户的查询。使用独立的用户数据处理装置可使各用户独立运行，不会因相互之间的干扰造成数据丢失和混乱；确保抄收及时、准确，且精度与原表相同。采取高可靠性的供电方式，除平时正常交流220V市电供电外，系统的不间断电源可确保在停电时仍能安全可靠运行；同时，每个用户部件有单独的电源，使得在系统连接总线意外断路和短路情况下，用户部件仍可正常运行。采用总线连接方式，各用户并接在系统总线上，集中抄收用户可达万户以上。

(3) 高端的宽带智能家居管理终端

在现代家庭中，弱电线缆会越来越多，电话线、有线电视线、宽带网络线、音响线、防盗报警信号线等，要求的网络带宽也越来越高，需要有"宽带综合布线"的概念，更需要有宽带网络功能的智能家居管理终端装置。

"智能家居管理终端"有时也被称为"e家庭网关"，是一台拥有因特网接入能力的节点机，能够将家庭内的所有设备，包括报警探头、水电气表、各种家电统统具有接入因特网的能力。统一管理家庭内的电话、计算机、电视机、影碟机、安全设备、防盗设备、自动抄表设备和未来其他的信息家电，完成报警、抄表、遥控、信息、管理等各项功能，从而极大提高家居智能化的程度，它将成为家居控制器未来发展的主流。

"e家庭网关"本质上是一台专用联网设备，由主机和信息终端组成。其上端连接到由服务器、管理与维护终端、防火墙、交换机等设备组成的住区网站。在家庭内则和宽带网络线、有线电视线、影音线和网络信息面板、有线电视面板、影音面板等灵活配置而成。

它是采用模块化设计，各个功能模块和线路相对独立，主要由监控模块、电脑模块、电话模块、电视模块及影音模块组成。功能上主要有接入、分配、转接和维护管理。支持电话、传真、上网、有线电视、家庭影院、音乐欣赏、视频点播、消防报警、安全防盗、空调自控、照明控制、煤气泄露报警、水/电/煤气三表自动抄送等各种应用。

家庭网关具备两个主要功能：一是作为外部接入网连接到家庭内部、同时将家庭内部网络连接到外部的一种物理接口；二是使住宅内用户可以获得各种家庭服务的平台。家庭网络的通信功能主要在物理层和链路层进行，除此之外，它还需要操作系统来解释信息和与应用程序接口，支持各种控制功能。目前，家庭网络使用最多的是RS485、Lon等协议产品。从家庭网络的发展而言，无线、IP以太网和电话线联网将是主要的联网方式，以实现高速网络；而电源线联网则是低速网络。

家庭网关也可以是家庭自动化伺服器，应是能方便地连接具有不同总线装置，如Lonworks、C-Bus、EIB、Home PNA、X-10等的OSGI平台。

智能家居管理终端应严格依据家居电讯布线标准EIA/TIA 570A设计和制造。570A标准定义了住宅内语音系统、视频和数据布线以及控制系统、娱乐系统和多媒体通讯系统布线的基本准则。

(4) 家居智能化程度的功能评价

1) 是否具有相当于住宅神经的家庭内网络：家庭内网络是指具有家居总线系统 (HBS) 等的信息传输设备，它能使各设备之间保持有机联系，并且家中任何人随时随地都可以自由地选择家庭内外的一切信息，如果把以往家里四周的电气配线和煤气配管等比作血管，那么现在的家居总线则相当于住宅的神经系统。

2) 通过这种网络能够提供的服务内容：这里是指用来支援家庭信息活动的服务功能，并通过住宅内设备控制执行，这里所谓的家庭活动可分为家务、管理、文化活动和通信4类。

家务（housekeeping）是指家电设备、住宅设备及安保设备的自动控制、能源管理与显示等；管理（management）包括家庭购物和金融管理，交通工具预约，家庭工作及医疗健康管理等；文化活动（culture）包括利用计算机辅助教学等的家中学习、个人及家庭的娱乐和创作活动等；通信（communication）包括利用公共通信网和双向 CATV 与外界通信以及咨询服务和社区行政服务等。

3）能否与地区社会等外部世界相连接：家居智能化系统都应包括安装在家庭内的智能传感和执行设备、家居布线系统及家居智能控制器 3 个基本部分。家居智能控制器既是家居智能化系统的中心，也是住区智能网络上的智能节点。

3.1.3　家庭娱乐性能

（1）数字电视

数字电视的推出将使人们能够欣赏到丰富多彩的高清晰画质节目，除了在传统模拟电视机上加装机顶盒可以收看数字电视节目外，更可取的是使用液晶、DLP 和等离子等高清数字电视装置。

数字电视涉及 5 个主要技术环节和十几个技术标准，是一个庞大的标准体系。目前，国际上正式颁布的数字电视标准主要有 3 个，即美国的 ATSC，欧洲的 DVB 和日本的 IS-DB。其中欧洲标准包含数字电视地面广播（DVB-T）、数字电视卫星广播（DVB-S）、数字电视有线广播（DVB-C）3 个标准，在全球覆盖面最广。我国的数字电视已经启动，但国家标准却迟迟未出台，据说有望于 2005 年底揭晓。

（2）数字机顶盒

目前大多数家庭中的电视机主要接收无线电视频道的节目，为了收看有线频道，特别是未来的高清晰度电视节目，就需要在家中加装一台数字电视机顶盒。但是有了机顶盒，只是能将高画质信号转换成常规电视机可以接收的信号，让常规电视机可以接收高画质节目，而常规电视的图像并不一定是高画质的。

（3）硬盘录放像机

这是家用录像机的升级换代产品。当需要录制节目时，可直接将节目内容存入硬盘之中，在播放时也是直接从硬盘读取资料，近期还推出了带刻录盘功能的硬盘录放像机，可以用作备份或保存。

（4）高密度 DVD

高密度 DVD（HD DVD）不仅盘片容量是当前 DVD 盘片容量的 5 倍，而且视频解像度高，可以录制高画质的数字内容，也可有更长的放像时间。

高密度 DVD 的规格有日本东芝和 NEC 公司主导的红光系统，并已被批准为国际标准；另一阵营则是由索尼、松下和飞利浦公司共同主导的蓝光光盘，也是可以录制高画质图像的数字录影技术，但其并未获得数字影音光盘论坛（DVD Forum）的认证。

（5）多媒体服务器

如果在家中安装一台多媒体服务器，只要在该多媒体服务器上播放，就可以在家中任何有电视机或 PC 机的地方收看，既可看同一个节目，也可看不同内容的节目，既可在这个房间看 DVD，也可在另一个房间听音乐，各随其便，互不干涉。

（6）数字娱乐家庭中心

这是实现让大人和小孩都高兴的游戏功能，一台机器就能符合家庭中每个成员的需要。现在索尼、任天堂和微软三大游戏厂商为此推出了不同的产品。索尼推出的是结合机顶盒与数字影音多媒体功能的PSX，是其王牌产品PS（Play Station）游戏机的一种新规格，以游戏机为主，另外结合有许多不同的功能，首先是机顶盒功能，可以接收无线电视节目；其次是影音播放功能，可播放CD、VCD、DVD及MP3；再次是数字录影功能，不仅内建大容量的硬盘，还附加有DVD刻录器，其最新产品是PS3。任天堂公司的最新产品则是称为Revolution（革命）的新机型。微软公司新推出的XBOX360是以PC架构为主的多媒体中心，但它取消了通用Windows（icon），而改用上下左右更人性化的使用界面，让使用者只利用选台器，手指上下左右遥控，就可播放CD、DVD、MP3等，此外还支持宽带上网。

3.2 住区公共部分

3.2.1 住区的安全性保障

（1）住区要有周界报警装置，主要采用主动红外对射装置，有条件情况下应能与对应的摄像机联动。

（2）住区内公共活动场所应有电视监控设备，并实时记录监控图像。

（3）住区值班场所应有及时响应区内住户报警的系统。

（4）住区宜有保安值岗及巡逻人员，也可设置离线巡更系统和无线对讲装置。

（5）有条件的住区可设置感应卡式人员出入门禁控制系统，高档住区还可采用虹膜识别或手背筋脉识别等人体生物特征识别装置。

住区安防系统的配置标准可在表3-1的基础上适当增删。

住区安防系统的配置标准　　　　　　　　　　　　　　　　表3-1

序号	系统名称	安防设施	基本设置标准
1	周界防护系统	实体周界防护系统	设置
		电子周界防护系统	设置
2	公共区域安全防范系统	电子巡查系统	设置
		视频安防监控系统	住区出入口、重要部位或区域设置
		停车场管理系统	宜设置
3	家庭安全防范系统	内置式防护窗（或高强度防护玻璃窗）	一层设置
		紧急求助报警装置	设置
		联网型访客对讲系统	设置
		入侵报警系统	可设置
4	监控中心	安全管理系统	各子系统宜联动设置
		有线和无线通信工具	设置

3.2.2 住区的通信网络系统

住区可有自己的程控交换机电话系统、有线电视系统，也可有卫星电视。此外还需有：

(1) 住户应具有宽带接入网功能

宽带接入网实现方案目前主要采用 ADSL 直接入户、有线电视系统光纤进入住区后通过 HFC 接入住户、FTTx 进入住区后通过以太网接入住户 3 种。为了能在网络中传输图像和多媒体，则需要更高的带宽，未来条件许可时，可像日本和德国一样，直接采用光纤到户的 FTTH 方案。

1) ADSL 直接入户方案

ADSL 被戏称为网络新贵。首先，它是利用现有的铜缆资源，无需重新布线；其次，用户随时可以上网，无需每次重新建立连接，而且也不会影响电话的使用，每个用户都可以独享高速通道，没有阻塞问题；再次，其高速带宽使用户更具竞争优势。此外，从安全角度来讲，xDSL 接入保密性好，安全可靠。

从传输效率上讲，由于在 xDSL 技术中，用户到局方是使用点到点传输，所以每个用户的带宽是固定的，不会由于用户的增加而导致传输效率的下降。作为住区的网络建设方案，只要在住区中央控制室内安装一套 ADSL 局端设备 DSLAM、在住区内的每家住户安装一套 ADSL 终端设备和相应的布线，就可以构成 ADSL 全覆盖网络。这样每户就可以有独享的 8Mbps 下行带宽，从而能够享受到 VOD 点播等一系列的视频服务。

2) FTTx + LAN 接入

FTTx + LAN 接入即光纤进住区、UTP 入户。以太网是应用最广泛的局域网传输方式，采用基带传输，通过双绞线和传输设备，实现 10M/100M/1000Mbps 的网络传输，具有实时性强、性能稳定、价格低廉等优点，已经成为现代网络发展的主流。以太网接入网络特别适合于人口密度较高的居住区。由以太网交换机构成的住区网络基本结构如图 3-1 所示。

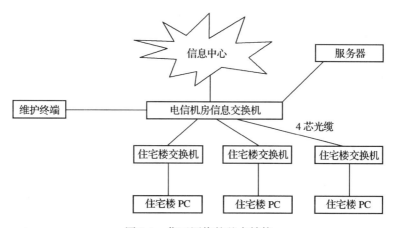

图 3-1 住区网络的基本结构

3) 在 HFC 上利用 Cable Modem 进行数据传输

HFC 有线电视网络的主要革新在于建立了服务区（SA）概念，整个网络可以按照光节点划分成为一个个服务区，服务区（500 户以内）越小，每个住户可用的双向通信带宽就越大，通信质量也就越好。但与此同时，光纤离用户越近，网络建设成本也越高。

HFC 有线电视网络系统是住宅用户高速数据接入的另一项热门技术，Cable Modem 下行数据占用 50~860MHz 之间的一个 8MHz 的频段，一般采用北美标准以 64QAM 调制方式,传输速率可达到 27Mbps。若是高质量线缆,可采用 256 QAM 调制方式传输数据,传输速率可达到 40Mbps;上行数据占用 50～24MHz 之间的一个 8MHz 的频段,为解决漏斗噪声问题,一般采用抗噪声能力较强的 QPSK 调制方式,速率可达 10Mbps。

HFC 的缺点,一是双向改造需要重新布线。二是双向改造后,低频段和高频段频率干扰问题会使滤波技术难度加大。三是在复用技术上,因 HFC 采用模拟频分多路技术,而主干网络和交换机均采用数字技术,中间需要作数模转换,增加了同步、网管和信令的技术难度。四是 HFC 网的带宽为住区所有用户共享,因此随着用户的增加,每个用户可用带宽将大大下降。五是因 HFC 的同轴电缆部分为树状结构,故安全保密性不好,而且容易产生噪声积累,使上行信道中的干扰加大,影响系统质量。

(2) 增值服务功能

在住区宽带网平台上可以实现大量的增值服务。包括内部和外部(因特网)的增值服务,常见的有电子购物、远程教育、网上辅助医疗、电子新闻、VOD 等。

3.2.3 住区物业管理系统与集成平台

(1) 智能化的物业管理系统一般利用住区的局域网架构,住户通过上网或到住区的物业管理中心以前台触摸屏对系统进行操作,考虑到系统的开放性和可扩展性,前台部分可采用 Web/Browser 结构,方便住户在家庭信息终端上以通用的网络浏览器进行操作,通过 Web 服务器访问的数据库与后台程序共享。住区物业管理部门则利用后台计算机进行管理操作,物业管理系统实际上是一个物业管理信息系统,它是一个由信息网络(LAN)所支撑的标准的数据库应用系统,该系统一般采用 Windows 标准的客户机/服务器结构,目前后台服务器操作系统为 NT4.0,数据库采用 SQL SERVER6.5,开发工具一般采用 Delphi。智能化的物业管理系统逻辑结构图如图 3-2 所示。

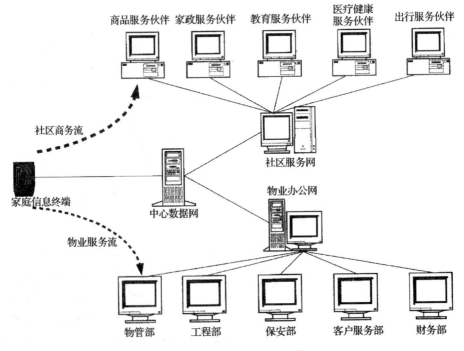

图 3-2 智能化物业管理系统

(2) 具有联动功能的住区智能化集成平台可以建立在信息网上，也可建立在设备监控或安防管理网上。由于住区安防系统联动功能的重要性，因此基于安防管理网的集成平台是住区智能化系统最常见的配置。有的住区为了降低投资，智能化系统中不配置集成平台。高档住区也可在千兆以太网的基础上，对家居自动化和住区均采用 HTML 集成平台，例如可运行 WebAccess 组态软件来实现。物业管理除了传统的基于集成平台的物业管理信息系统外，还包括了表具自动集抄、车辆出入口管理、一卡通管理、背景音乐与公共广播、信息公告等子系统。

3.2.4 住区的停车场管理系统

(1) 住区停车场管理系统的功能是对车辆出入提供监控、管理和收费。住区停车场至少有一个入口和一个出口，未来核心技术是车辆的自动监控、识别与自动判别。

(2) 住区收费停车场管理系统：住区内部车辆通过物业管理付费租用泊车位，领取感应卡（一卡通）。每张感应卡在发行后，持卡人的资料、车牌号码、该卡属性、计费等级、使用期限等均记录其中。而外部车辆在进场前则需在入口处停车领取临时卡，在出口设置收费处，配置专门的收费系统。主要设备有：

1) 感应式读卡机——是系统功效得以充分发挥的关键外部设备，是智能卡与系统沟通的桥梁，在使用时司机只要将卡伸出窗外轻晃一下即可，此后，读写工作便告完成，设备便做出准入或准出的相应动作。每一个临时卡持卡者驾车出入停车场时，读卡机便会正确地按照既定的收费标准和计算方式进行收费。

平时读卡器不断发出超低功率的射频信号，并接受从感应识别卡上送回的识别编码信息，将这编码信息反馈给系统控制器，它自有的电子系统可在 5~15ft（英尺）内，对车速达 200mile/h（=320km/h）的高速车辆提供遥控接近控制。其发出的超低功率满足 FCC 要求，可方便地安装于门岗上方等位置，应用于不同气候与环境。

2) 电子显示屏——一般装在读卡机上，以汉字形式显示停车时间、收费金额、卡上余额、卡有效期等。若系统不予入场或出场，则显示相关原因，明了直观。

3) 对讲系统——每一读卡机都装有对讲系统，以此工作人员可指导用户使用停车场。

4) 临时卡出卡机——为了满足临时泊车者的需要设置。泊车者驾车至读卡机前，电子检测器得此信息并使出卡机加电，按键取卡后（只能取一张卡），便可进入停车场。离场时，一般读卡机不受理临时卡，只能在出口值班机房内插入电脑读卡口，并收款、收卡后，其他设备才准许离场的信号。

5) 自动挡车道闸——自动道闸的闸杆具有双重自锁功效，能抵御人为抬杆。科学的设计使产品能在恶劣环境下长期频繁工作。除此之外更有发热保护、时间保护、防闸车保护、自动光电耦合等先进功效。挡车道闸有起落式栏杆（采用液压传动）、开闭式车门（平移门）、升降式车挡（有手臂式和地槽式）等类型。

6) 电磁检测器——也称为地感线圈，埋于地下，用于探测有无车辆驶过。它是收费系统感知车辆进出停车场的"眼睛"，电磁检测器采用了独特的数模转化技术，抗干扰能力强，不怕任何恶劣环境。同时该检测器具有可靠性与灵敏度同时提高的独到之处。这就保证了电脑能够得到可靠的信息，从而保证了系统能够安全准确地运行。

7) 车位检索系统——在每一个车位设置一套检测器，通过处理器并入主系统。装设该系统后,电子显示屏则会将当前最佳停车位置显示给泊车者,省却驾车者在车场找车位的烦恼。同时,可在主控电脑和每一个入口电脑随时查询车场中的车位情况,并以直观图形反映在电脑显示器上,若车场内无空车位,每一个入口读卡机则不会受理入场并显示"车场满位"的字样。

8)防盗电子栓——对固定车主的泊车位,加设一套高码位遥控器与检测器并行工作,使检测器同时具有守车功效,车主泊上码,取车解码,防盗电子栓如同一条无形的铁链将车拴住,若无解码取车则报警系统即时开动工作,可有效地防止车辆被盗。

9)财务管理系统——停车场每一刻的所有动作,都能如实地记录、整理、统计。管理者可随时查询、打印车场动作情况。如整个停车场收款情况、某岗位收款情况、某操作员收款情况、存车量、某车的进出次数、时间、卡内余款等。

3.2.5 住区内一卡通收费及消费管理系统

用 IC 卡是住区信息化的一种标志,用它可取代住区生活和管理中所使用的个人证件及现金支付手段,能够方便住户提高生活质量,也使物业管理自动化更加成熟。住区一卡通要考虑到多种应用,包含了电子支付、身份认证等各项功能。

住区智能一卡通系统采用感应卡(Mifare 卡)或 TM 卡(Touch Memory,接触式存储器),可对住区内的出入口控制、车辆泊车、购物代金消费、饭店食堂结算、体育运动场馆、租用工具设备等进行集成管理。住区智能一卡通管理系统全部以计算机联网实现。

住区管理中心负责卡片的发行、挂失和注销等卡片管理工作以及 IC 卡系统的财务管理、与各消费场所进行金融结算等。智能卡管理系统具有发卡、补卡、挂失及黑名单功能,并可进行各个级别的权限识别和操作限定。

代金消费管理系统应用设备为各类收款机,联网操作完成收款管理,免除需携带现金的烦恼。

人员出入管理系统应用设备有联网型门控器、非联网型门控器、各类需控制的锁具等,对其可进行权限设置、记录进出人员和进出的时间,同时具有统计报表功能。

车辆管理系统可采用电动道闸或感应卡系统,具有全套停车场系统功能,可进行次计费、月计费、免费等功能

IC 卡还可用于管理方面,如门禁管理,包括出入口管理和电子门锁系统管理、巡更管理、停车场出入管理等,也可用于餐厅就餐、健身娱乐收费、洗衣房和美容美发厅等消费收费、传真和复印等公共服务收费。

3.2.6 住区的自动抄表系统

住区三表远传系统有多种多样的实现方案。前提是要采用脉冲式电表、水表、燃气表,其输出电信号供给数据采集器进行收集和处理,然后由住区的管理计算机接收由数据采集器发送的资料数据,存入其收费数据库中,必要时沟通电力公司、自来水公司、煤气公司和银行,完成用户三表信息的数据交换和费用收取过程。

自动抄表系统的实现主要有总线式抄表系统、电力载波式抄表系统和利用电话线路载波方式等几种模式。总线式抄表系统的主要特征是在数据采集器和住区的管理计算机之间以独立的双绞线方式连接,传输线自成一个独立体系,可不受其他因素影响,维修、调试、管理方便。电力载波式抄表系统的主要特征是数据采集器将有关数据以载波信号方式通过低压电力线传送,其优点是一般不需要另铺线路,因为每个房间都有低压电源线路,

连接方便。其缺点是电力线的线路阻抗和频率特性几乎每时每刻都在变化,因此传输信息的可靠性成为一大难题,故要求电网的功率因数在 0.8 以上。另外,电力总线系统是否与(CATV、无线射频、因特网络等)其他总线方式的相互开放和兼容,也是一个要考虑的因素。

3.2.7 住区的公共广播系统

住区的公共广播有两种用途,一是背景音乐 BGM(Back Ground Music)系统,用于向公众活动区播放轻松悦耳的音乐,衬托住区气氛;二是公告式广播或火灾(或其他应急事件)紧急广播。

两种用途广播分区的划分应是一致的。

(1) 背景音乐

住区属休息和消遣的场所,因此,背景音乐只设置在住区花园、组团绿地、喷泉水池、园内道路交汇处等场所,多采用适合室外环境的草地音箱,不会影响到居民的休息。整个住区的广播系统分为多个区域,可进行单独/分组/全体广播,在住区面积较大而背景音乐辐射区域较小时,可在住区内设置若干高音喇叭作为紧急广播时用。

方案设计采用有线 PA(Public Address)方式高电平信号传输系统,提高声音信号的传输质量,降低住区其他电子系统对背景音乐系统的噪声干扰。

需有多种高音质的信号源(CD、FM/AM 调谐器、MIC),配置前置放大器、调音台、节目定时器、信号处理器、定压式功率放大器,音箱音柱扬声器系统以及 UPS 电源等装置。

(2) 紧急广播

在发生火灾等非常情况时,将背景音乐系统强行切换为紧急广播状态(消防分机的控制,具有最高优先权)。火灾事故广播的设计原则是每只扬声器的额定功率不能小于3W、间距25m。音频传输多采用120V以下的定压传输方式,在接线上多数采用总线制接法。为保证定压功放的音质,要有不小于 1.3 倍的功率余量。

功率放大器应有冗余配置,在主机故障时,按设计要求备机自动投入运行。

3.2.8 住区的大屏幕公告显示系统

在住区出入口及住区广场设置电子公告板,用于实时播放新闻、天气预报、住区公告等信息,有利于提高住区的生活质量。也可采用多媒体信息显示系统。

显示屏大小以 2m(长)×1m(宽)为宜,显示行列数为 64 行×128 列 = 8192 点,每个象素点为组合象素,各含两只 $\phi16.5$ 椭圆形超高亮度红、绿色发光二极管,每平方米象素为 4096 点。

3.2.9 住区公用设备的控制与管理

对住区公用设备进行智能化集中管理,主要包括对住区的变配电系统、给水排水液位控制系统、照明电路、电梯信号等进行采集和控制,有条件的还可包括采暖及生活热交换系统,实现设备管理系统自动化,起到集中管理、分散控制、节能降耗的作用。公用设备的监控系统宜采用集散式或分布式的网络结构模式,由管理网络层和监控网络层组成,对有关数据进行实时采集、记录和自动调节,实现对设备运行状态的监视、测量与控制。

实现楼宇自动控制的系统均采用商品化的定型产品,以集散控制系统 DCS 占绝大多数,但未来会逐渐过渡到以现场总线为主的 FCS 全网络型控制系统,特别是工业以太网现场总线（也称为以太网 Input/Output）。

对住区各类公用设备的智能化管理应做到运行安全、可靠、精确高效、节省能源、节省人力。设备管理主要包括：

（1）供配电设备监视系统智能化管理。应具有下列功能：

1）变配电设备各高低压主开关运行状况监视及故障报警；
2）电源的电压、电流监测及主供电回路电流值显示；
3）电源电压值显示；
4）功率因数测量；
5）电能计算；
6）变压器超温报警；
7）应急电源供电电流、电压及频率监视；
8）电力系统计算机辅助监控系统应留有通信接口。

变配电室对变配电设备的控制自动化程度较高，只需在中控室通过显示屏了解。

（2）给水系统的智能化管理

给水系统无论缺水或溢出都是很大的故障。监测系统可对给水系统进行全面监控。电脑屏幕以流程图形式显示给水系统的运行状况，一旦有异常情况，自动弹出报警画面、显示故障位置及原因并提供声响报警和打印数据。给水系统监视应具有下列功能：

1）水泵运行状态显示；
2）水流状态显示；
3）水泵启停控制；
4）水泵过载报警；
5）水箱高低液位显示及报警。

采用交流感应电动机脉宽调制变频技术开发出的全自动变频调速恒压供水系统，是取代楼宇高位水箱的新型节能供水系统，得到了广泛的应用。其原理是系统在接收供水管网的压力信号后，根据用水的变化，自动调节变速泵的转速和备用泵的启停，实现恒压变流量供水。全自动变频调速恒压供水系统的优点是基建投资小、可防止水源二次污染、全自动无人操作、节水节能。

（3）排水及污水处理系统的智能化管理。应具有下列功能：

1）水泵运行状态显示；
2）水泵启停控制；
3）污水处理池高低液位显示及报警；
4）水泵过载报警；
5）污水处理系统留有通信接口。

（4）照明系统智能化管理

灯光照明控制是住区智能化必备的功能之一。对于住区内（公共区域、广场、道路、停车场、园林景观、大门、住宅周围等）的公共照明设备要进行必要的监控。

对于户外的公共照明，以自然光照度变化、时间表程序、设置为控制依据，设置被控灯组的编程、手动/自动转换、开闭时间、灯光场景等。在中心控制室，通过加装在低压配电开关柜、公共照明箱等处的控制模块来控制多路独立的公共照明回路。对于园林区等要求艺术照明的特殊场所，其照明开/关、灯光场景、照度调整等可实现智能化控制。

对于楼内的公共照明，通常由各楼层的照明配电箱供电，采用时间控制方式或程序控制方式，以达到节电目的。在正常照明供电发生故障时，备用照明系统投入供电，或者是自动启用事故照明系统，保证最低照明需求。楼内发生火灾时，将依联动控制程序切断非消防电源，打开应急灯，提供疏散用照明。通常，照明监控系统应包括下列功能：

1) 庭院灯照明控制；
2) 公共场所照明控制；
3) 门厅、楼梯及走道照明控制；
4) 停车场照明控制；
5) 航空障碍灯状态显示、故障报警；
6) 特殊场所可配置智能照明控制系统；
7) 与消防报警系统的联动控制。

(5) 电梯运行状态监视及故障报警

一栋住宅楼可能有多部直升电梯，当任一层用户按叫电梯时，控制系统将开启电梯中与用户同一方向并最接近用户的那部电梯率先到达用户层供用户使用，以节省候梯时间。直升电梯按其用途可分为客梯、货梯、客货梯、消防梯等。

电梯监控对象包括电梯的启停、平层、电梯的运行状态、故障报警以及发生火灾时强制电梯降至底层和切断非消防电梯电源的连锁控制动作。具体而言，对电梯的监视点包括：

1) 各部电梯供电电源状态。各部电梯运行方向，电梯当前所处楼层、是向上还是向下运行、是否停机等电梯状态信息；
2) 在电梯发生故障时，应产生声光报警信号，显示电梯故障及具体故障类型；
3) 显示电梯轿厢内的人员状态；
4) 电梯系统与消防报警的联动。

(6) 热源和热交换系统监控

对热源和热交换系统，进行系统负荷调节、预定时间表、自动启/停、节能优化控制。

要求能够在工作站和现场控制器上，参与对热源和热交换系统设备运行状态进行监视和故障报警，并记录结果。

(7) 会所及公共建筑的集中空调系统监控

对住区会所及公共建筑的集中空调系统进行监控。

对冷水机组、冷冻冷却水系统进行系统负荷调节、预定时间表自动启停和节能优化控制；对空调系统进行温湿度及新风量自动控制、预定时间表自动启停、节能优化控制。

要求对温度、相对湿度、压差、压力等测控点进行检测；并观察测控点与被控设备（风机、风阀、加湿器、电动阀等）的响应时间、控制稳定性和控制效果；地下车库等处的送/排风设备的手/自动启停控制和故障报警。

通过工作站对冷水机组、冷冻冷却水系统设备控制和运行参数、状态、故障监视、报警、联动及能耗监测情况等进行检查和观看记录等。

(8) 变配电室和中心控制室的监控

这是住区智能化监控的两个要害部位。进/出线方式的设计以施工方便为原则。

中心控制室与消防控制中心可合二为一。住区中心控制室机房内有计算机、自控设备、通信设备、安全监控设备、电梯运行监控设备、室内温湿度监控设备、电源工作监控设备等。消防控制中心内有火灾报警及消防控制设备、紧急广播设备。

中心控制室在规划设计时应充分考虑位置、面积、高度、进出管线的综合等问题。并符合相关设计、验收规范。中心控制室是智能住区的要害部位。可采用上进、上出的进线方式，进线、出线和改线施工都非常方便。中心机房对环境要求较高，要求与周围进行防火分隔，室内照度要充足、均匀、尽量避免光线直接照射在显示屏上产生眩光，温湿度有一定控制。地面采用30cm高的架空地板，板下灵活布线。

3.2.10 管线系统

住区内各弱电系统的管线应统一规划设计，并与住区外公共管线沟通。管线设计应满足近期和远期发展的需要，对于分期开发的住区应预留后续工程所需的管道；对弱电设施标准相对较低的住区，应特别注意室外主干管道的预留。一般情况下，主干管路应包括：光纤宽带网、电话电缆、闭路监视干线、有线电视线路、消防报警主干线路、住区背景音乐等6条管网。

人孔和手孔井、室外主干管道应采用钢管或PVC双壁波纹管；室外支线管道应采用钢管和复合钢管。室外管网应有永久性标志。管沟及人（手）孔井应有防积水措施。住宅楼内的楼层弱电箱宜共用（别墅区除外）。

室内家居布线、楼内主干管线、建筑群地下管线等应符合《建筑电气工程施工质量验收规范》（GB 50303）和《智能建筑工程质量验收规范》（GB 50339—2003）的要求。

（1）管和线槽的敷设

1）导管截面利用率不大于40%；线槽截面利用率不大于60%；

2）电缆导管与下列管道的距离应符合：与燃气管平行距离不小于0.3m；与热力管平行距离不小于0.5m；与强电线缆导管平行距离不小于0.3m；

3）智能化系统的总线接线盒（箱）应设在弱电竖井或公用楼道墙体上，不能置于住户内，而且材质、管径、壁厚、接线盒（箱）等应符合设计要求；

4）金属导管接地必须可靠；

5）金属软管作线缆套管时，长度不宜超过2m，金属软管与盒（箱）体或线槽间应采用锁母固定连接，并可靠接地；

6）线槽支架间距：水平段1.5~3m，竖直段不大于2m；

7）敷设在竖井内和穿越不同防火区的线槽，应有放火隔堵措施；

8）金属线槽必须可靠接地，全长不少于两处与接地（PE）或接零（PEN）干线相连接。金属线槽连接处两端当采用跨接地线时，应使用截面积不小于$4mm^2$的铜芯导线。

（2）电（光）线缆敷设与连接

1）电缆在桥架中应按设计规定的排列顺序敷设。线槽中的电缆不应有接头；水平线槽中敷设的电缆每隔5~10m设固定点；竖直线槽中敷设的电缆固定点间距不大于1m；

2）电缆出入建筑物、电缆沟、竖井、柜、盘、箱、台、桥架等应做好封口密封处理；

3）电缆敷设后，两端应加永久性的电缆编号标志。电缆编号应符合设计规定；

4）光缆敷设时应按设计要求留有余量，设计没有要求时，盘留3~5m；

5) 在盒、箱、柜、台及设备中，布线应整齐美观，线缆绑扎成束，线号、标志正确完整。

3.2.11 中心控制室机房

住区中心机房内有计算机、自控设备、通信设备等。在规划设计时应充分考虑中心机房的位置、面积、高度、进出管线的综合等问题。并符合相关设计、验收规范。

（1）机房的外部环境：远离粉尘、油烟污染，避开强振源、强噪声源、变/配电所和强电磁干扰环境，机房大门出入方便。机房宜设在住区的中心或靠近主要出入口。

（2）机房的室内环境：地面平整，不起尘，温度宜在 $18\sim28℃$、相对湿度40%～65%；顶棚、墙面采用的建材应考虑隔热、保温、防火和较少附着尘埃，并具有绿色环保产品的检测证明。

（3）机房自身防护：管理中心是住区智能化检测管理核心，也是紧急事故的指挥中心，应考虑自身的防护能力。因此，规划设计中，要考虑工作通道和紧急疏散通道。加装闭路监视、门禁、门窗玻璃破碎报警、火灾自动报警、防盗报警（如脚踏开关、手报按钮等），110、119直通电话报警、紧急广播分机等技术措施。对于大型机房，应参照《安全防范工程技术规范》（GB 50348—2004）作集中监控设计。

（4）机房的供电和照明：机房的供电电源应当是双电源末端自投的配电箱（柜），并配备必要的不间断电源支持，UPS电源的支持时间不应小于40min，容量应根据安防设备和网络交换设备的统计负荷计算选取，并有30%左右的冗余量。照明灯具的布置需考虑设备的安装位置和操作人员的方位要求，避免有直接反射光线和眩光，水平照度不小于500lx。

（5）机房的防雷接地：机房内所有正常状态下不带电的金属设备外壳，均采用总等电位连接，并符合相关要求；接地方式宜采用联合接地 $R\leqslant1\Omega$；若将智能化系统接地与电力系统及防雷接地分开，接地方式除采取总等电位和局部等电位连接外，其接地干线应单独引出机房，并符合相关行业标准；电子设备有一定的防电磁脉冲能力、供电系统加装SPD浪涌保护器等防雷电技术措施。并符合《建筑物电子信息系统防雷技术规范》（GB 50343—2004）的相应条款规定。

第4章 参考案例

4.1 东阳：海德国际社区多形态高档住宅群

东阳海德国际社区占地 92.5hm²，总建筑面积约 50 万 m²。该社区近邻浙江义乌小商品城，具有居住和商业活动双重价值。其建筑形态包括：独立别墅、连体别墅、高层国际公寓、商业街区、汽车旅馆和五星级酒店。开发商欲将该住区建设成为国内一流的生态住区、智能化住区和信息数码港。在智能化系统建设中，采用信息网络技术，建立住区综合服务系统，追求三大功能，即环境安全性功能、居住舒适性功能和通信便捷性功能。

4.1.1 建设内容

根据网络化、数字化发展趋势，结合住区的建筑形态、地理地貌、功能要求以及市场定位合理进行规划设计，要符合智能化建设一般评价原则。在信息传输网和监控管理网这两个网间，通过网关进行按需互连互通。

在大的基础网络化规划上，采取多网结构方式进行系统的分布式设计。网络化分类的直观描述如图 4-1 所示。

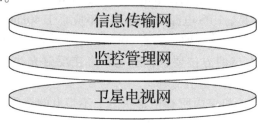

图 4-1 网络分类

依据以上分类，通信网络系统和办公自动化系统都落实于信息传输网，主要子系统和功能包括：宽带信息网系统、电话系统、无线局域网系统、电视会议系统、物业办公自动化系统、网络管理中心和住区服务系统等。信息网络服务系统功能如图 4-2 所示。

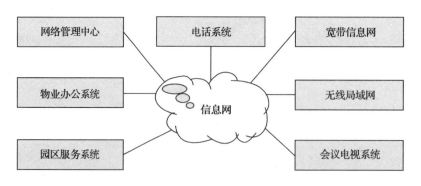

图 4-2 信息网络服务系统

楼宇自动化系统落实于监控管理网，主要子系统包括：楼宇自控系统、停车场管理系统、门禁系统、电视监控系统、巡更系统、一卡通管理、监控管理中心和物业管理中心等。监控网络管理系统功能如图 4-3 所示。

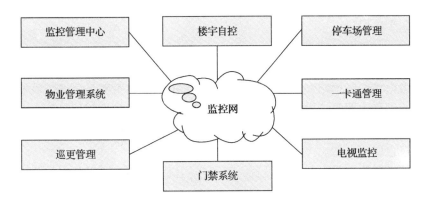

图 4-3 监控网络管理系统

基于卫星电视网的内容包括：卫星电视接入、有线电视接入和自办节目等。

在安防管理方面，依据机防和人防相结合的原则，在机防方面采用四级安防措施，尽量避免重大安防事件的发生。具体范围如下：

第一级：住区周界防范和出入口管理。采用红外对射、振动电缆、泄露电缆或者安全高压电缆进行周界防范。在出入口采用车牌自动识别系统或者 IC 卡系统进行车辆管理。这部分空间难于管理，也更要加强管理。

第二级：住区的安防管理。住区的安防管理包括电视监控、车速控制、巡更管理等人机相结合的措施。尤其在夜间电视监控更要发挥图像动态检测的作用，及时发现异常的人员流动。

第三级：小周界防范。在独立别墅和连体别墅的小周界，安装灯饰型红外对射或埋泄漏电缆，完成小周界防范系统。这部分的防范采取住区和家庭双报警的方式。

第四级：家庭安防系统。这个系统包括可视对讲、双鉴探测、电视监控。可视对讲根据具体情况可以采用联网的方式也可以采用非联网方式。就本项目而言，采用非联网方式。双鉴探测器要尽量少安，以免给业主不安的感觉，或产生误报。电视监控主要为业主自身需要，安装在儿童房、老人房、小住区和车库等他们感兴趣的地方。利用住区网络接入互联网，可以远程观察家庭的情况。

四级安防结构示意如图 4-4 所示。

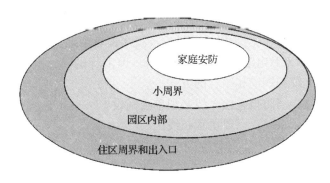

图 4-4 四级安防结构示意图

4.1.2 建设步骤

建设分3个阶段进行：

第一阶段：基础网络建设

基础网络建设是以住区的光纤网络为基础，建立宽带高效的传输网络，服务于电信和物业。主要由电信光纤网络和物业光纤网络组成。电信网络主要是语音、数据通信和多媒体服务；物业网络主要是传输安防信息、数字安防图像和设备控制信息等。

电信的基础网络建设由电信投资，包括住区的管网、住区光纤线路和住区的机房设备，其经营权也属于电信。

物业的基础网络建设由开发商投资，投资包括机房设备，可以与电信共用管网和部分光纤。运行维护由物业负责或电信代维护。

第二阶段：基础设备建设

基础设备建设包括室内固定安装的设备和室外固定安装的设备，具体地说就是室内的可视对讲、安防探头、报警终端等，室外的周界、停车场、摄像机等。

基础设备建设是本住区建设的重点，也是主要的投资去向。这部分的设备将在若干年后都不会被新的技术所淘汰，属于传统的稳定设备。

第三阶段：增值服务建设

随着新技术的发展，会出现很多新型的服务，甚至有些我们目前无法想象的，因此在基础网络建设的基础上，为未来预留了很大的发展空间。

所谓未来增值服务就是某些设备现在不上，等待时机成熟再建设。包括室内的信息终端、物业交互服务、电子商务终端等。这部分投资可以由运营商或业主来承担。

各个阶段和各个系统的任务描述如下：

（1）住区基础网络建设

住区基础网络建设属于第一阶段的任务，其结构如图4-5所示。

在住区管网规划中，应该有六类网络布线：

1）宽带信息运营网络：电信的光纤要求直接进户（别墅区）和进楼层（高层楼），在室内布6类线。光纤网络使用国产单模光纤，具体品牌由当地电信部门选型。

2）住区宽带监控管理网络，即内部局域网（数字电视监控、各种报警信号、物业管理、住区商业服务等），以光纤为主，使用单模光纤。在住区的某些点接入住区设备集总器中的光端机；家庭报警终端和周界报警采用485总线方式接入设备集总器中的485/IP转换器；安防摄像机以同轴电缆接入设备集总器的数字图像编码器。这种方式减少了施工量，减少了后期维护成本，同时为以后的扩容和发展留有余地。

3）电话网络：以大对数电缆为主，每户进线8~10对（别墅）和6~8对（其他住宅）。

4）电视网络：光缆和铜缆相结合的方式。

5）消防报警网络：消防报警信号线必须单独铺设。

6）住区的背景音乐系统：需要单独布线。

多芯光缆和大对数铜缆，分别对应广电、电信、消防和住区安防物业，为了方便管理，分清责任，在管网线路设计中给予4类独立的管路共10条。

每户对应的4个部门的线路，在室外靠近管网一侧设立手孔井或人井，将线路分四个管子引出。

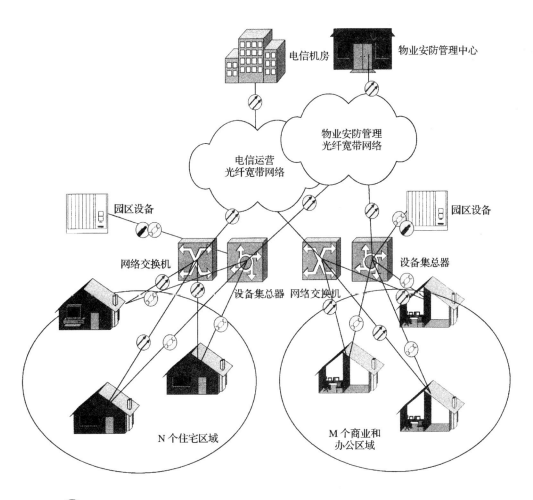

图 4-5　住区基础网络建设方案

(2) 住区安防和智能化设备建设

住区的安防和智能化设备建设属于第二阶段的任务,包括两个内容:住区的安防设备建设和住区的物业管理设备建设。

以上各个系统都接入住区设备集总器,集总器包括:UPS 电源、光端机、网络交换机、图像编码器、IP/485 接口转换器、其他接口转换器。设备集总器需要根据具体需求进行定制生产。住区的安防和智能化系统建设内容框图如图 4-6 所示,设备配置结构图如图 4-7 所示,设备集总器的配置如图 4-8 所示。

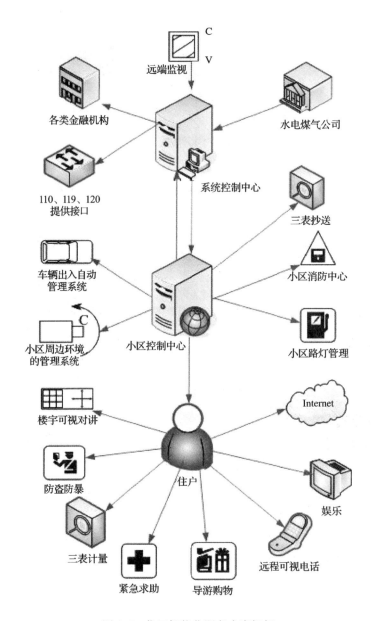

图 4-6 住区智能化服务内容框架

(1) 住区安防设备

住区安防系统的周界采用高压电缆和振动电缆，通过 485 接口进行局部联网，接入设备集总器。

住区的安防摄像机通过同轴电缆接入设备集总器的编码器，进行模拟图像至数字图像的转换。

住区的出入口和停车场管理系统采用非接触 IC 卡管理，通过 485 接口进行局部联网，接入设备集总器。

(2) 住区物业管理设备

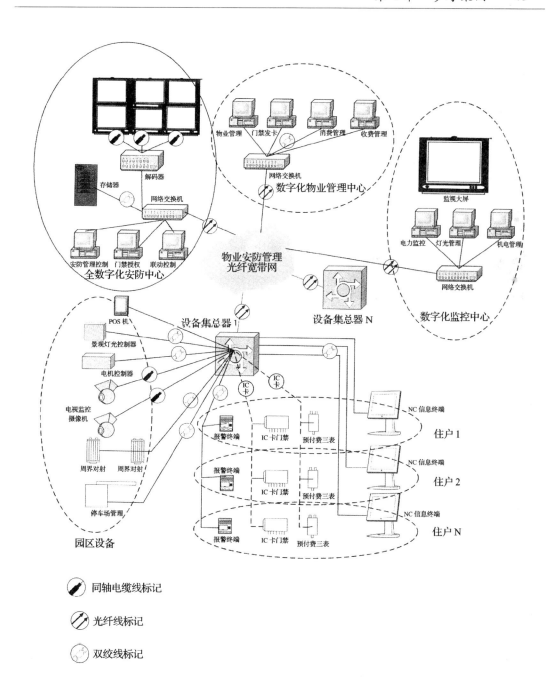

图 4-7 设备配置结构图

POS 机可以采用 485 接口进行局部联网,也可以采用基于 IP 接口的,但最终都接入设备集总器。从目前来看 485 接口的比较便宜。

三表计量采用预付费的方式,以接触式 IC 卡到物业或到各部门指定的营业部或者到指定的银行先行缴费。这种方式减少了费用纠纷,方便了管理。

住区的门禁基本采用非联网方式,包括酒店门锁,但是住区控制管理中心、各个物业和安防值班点采用联网的门禁系统,兼有考勤的功能。

图 4-8 设备集总器配置图

住区设备控制主要包括景观灯光的控制、各种水泵的控制和对电梯运行的监视。这些设备都将通过相应的接口接入设备集总器,进入物业宽带网。

住区的背景音乐系统分为多个区,分别对应别墅区、商业街区和酒店区域。

4.1.3 家庭安防和智能化配置

家庭安防和智能化配置主要针对四种类型的住宅:独立别墅、连体别墅、高层公寓和商业街区。家庭安防和智能化主要配置参见图 4-7。其中网络计算机(NC)信息终端是第三阶段增值服务的配置,目前不建议配置。

(1) 独立别墅的配置

1) 弱电配线

弱电配线箱放置在一层的储藏室,使用 1.4m 的 19″标准机柜。所有的进户线路先进入机柜内进行配线和分线。

机柜内包含电源、光端机、网络交换机、视频分配器、电视混合器等设备。随着应用的发展还会增加增值服务设备。

2) 信息插座

信息插座包括电话插座、网络插座和电视插座。原则上每个房间都应该包含这三种插座。在卫生间只安装电话插座,在厨房、餐厅安装电视插座和电话插座。

3) 安防监控

针对独立别墅安防系统配置的指导思想是尽量减少室内的探头设置,加强家庭小周界的防范。

在大门口安装彩色可视对讲,门口机选用金属外壳。在厨房接入电话、电视、收音机和可视对讲。其他楼层的卧室也安装彩色可视对讲。

报警终端安装在工人房内,设定布防和撤防的时间为 2min(或根据现场的具体情况而定),布撤防还可以使用无线遥控器。报警终端采用 485 总线方式在住区域内进行联网,然后接入住区设备集总器。室内外所有安防探头都接入该设备。

在别墅的小住区安装微波泄漏探测电缆或红外对射做小周界,但留出门口的廊道。

室内只在主要的通道、步梯和车库安装双鉴探测器,其他部位不再安装安防探测器。在各个卧室的床头安装紧急按钮。通向室外的门安装门磁开关,接入报警终端。

> 消防和煤气报警:在厨房内安装烟感探测器,同时安装煤气泄漏探测,并与煤气阀门联动,进行紧急关闭。这两种探测器接入报警终端。

> 门禁管理:在每个别墅的前后门安装非接触卡门锁,每个锁可以允许业主申请多张卡开启,还可以申请时段临时卡。若丢失某张卡可以在相应的权限锁具上进行注销。如果业主不需要或不接受物业 IC 卡管理,则安装普通门锁。

> 表具管理:水、电、煤气表采用预付费表,当预付费额度使用完后,三表将自动断掉。需要到各部门指定管理处交费后,再对表具进行预付费充值并自动开通

（表具的选择需征求当地主管部门的意见）。
- 灯光控制：在大门口安装感应开关，有人到来就自动开启廊灯和厅灯。在出入的门厅处安装全关开关，出门时按一个开关就可以关闭所有的灯光。其他的灯光场景将根据装修的效果要求设计。
- 娱乐：将客厅的 DVD 节目源信号通过音视频线接入配线箱，通过电视混合器其他房间就可以收看到娱乐节目。

（2）连体别墅的配置

1）弱电配线

弱电配线箱放置在一层的储藏室，配置同独立别墅。

2）信息插座

同独立别墅。

3）安防监控

在大门口安装彩色可视对讲，门口机选用金属外壳。其他楼层的卧室安装黑白可视对讲。

报警终端安装在工人房内，设定布防和撤防的时间为 2min（或根据现场的具体情况而定），布撤防还可以使用无线遥控器。

在一层窗户的外侧安装小型红外对射探测器，在阳台上需要安装红外探测器，设定为出门布防和睡觉布防状态。

室内只在主要的通道、步梯和车库安装双鉴探测器，其他部位不再安装安防探测器。在各个卧室的床头安装紧急按钮，通向室外的门安装门磁开关。

- 消防和煤气报警，同独立别墅。
- 门禁管理，同独立别墅。
- 表具管理，同独立别墅。
- 灯光控制，同独立别墅。
- 娱乐，同独立别墅。

将客厅的 DVD 节目源信号通过音视频线接入配线箱，通过电视混合器其他房间就可以收看到娱乐节目。

（3）高层公寓的配置

1）弱电配线

弱电配线箱放置在门后的墙体上，选用弱电布线箱配线。包括电源模块、网络模块、电话交换模块和电视分配模块。

2）信息插座，同独立别墅。

3）安防监控

大楼门口安装数码可视对讲主机，在室内门口安装彩色可视对讲。

一、二、三层的住户，在窗户的外侧安装小型红外对射探测器，在阳台上安装红外探测器。其他层住户室内不必安装安防探测器。安装探测器住户的报警终端安装在门口的侧面，设定布防和撤防的时间为 1min，布撤防还可以使用无线遥控器。在卧室的床头安装紧急按钮，通向室外的门安装门磁开关。

- 消防和煤气报警：煤气报警同独立别墅。消防为独立系统，严格按照高层楼房的消防要求进行设计和施工，不在本设计内。
- 门禁管理：同独立别墅。
- 表具管理：同独立别墅。
- 灯光控制：在门口安装全关开关，其他灯光场景根据装修效果设计。

(4) 商业街区的配置

商业街区配置基本与联体别墅相同。还需要增加：
1) 一层和二层的 POS 机接入点；
2) 店铺内的双鉴探测器；
3) 店铺内的安防摄像机；
4) 店铺收银台内的紧急按钮。

4.1.4 住区管理中心建设

住区的管理中心设立一个，以全数字化方式建设。管理点可以根据实际需要随时随地设置，只要网络通达的地方都可以。

管理中心为一栋独立的二层楼，建筑面积要求 200m²，位置在住区的中部，位于地势较高处。包括以下中心机房：
- 数字化安防指挥调度中心（含消防）
- 数字化物业管理中心
- 设备监控中心
- 住区信息管理中心机房
- 电信交换机房（在高层公寓电信有第二机房）
- 电信网络运行机房
- 广电有线电视机房

根据电磁兼容的要求，每个机房的墙体应该有屏蔽网，地面应该使用防静电地板，具有良好的工作接地和良好的避雷系统。

下面对数字化安防指挥调度中心、数字化物业管理中心、机电监控中心的技术要求予以描述。其设备组成参见图 4-7。

(1) 数字化安防指挥调度中心

将住区的安防摄像机接入图像编码器以后，即可实现图像的数字化并接入 IP 网络，同时将报警终端经过接口转换接入 IP 网络，这样，进入安防指挥调度中心的信息就是全数字化信息。这种全数字化的方式降低了系统造价、简化了系统设计、减少了系统的维护成本，是系统资源统一管理和利用的最佳方式，并且技术上已经成熟。在此基础上可以实现集成一体化管理。

本系统的硬件结构比传统的安防中心简单且灵活，仅包含多路解码器（根据电视墙的数量而定）、硬盘录像存储器、联动控制终端、指挥调度终端等。其他的报警点仅需要一台终端接受调度指挥和管理巡更系统，设置地点随意。

技术要求如下：
1) 实现所有图像的透明记录，并且可以随意设定记录方式，即全部录像或分时段像或分情况录像；
2) 实现所有图像随意切换到电视墙功能，并且要求使用控制杆方式进行控制；

3) 要求实现各种探测器（包括烟感）与图像监控系统的联动，并且可以现场编程设置关联关系；

4) 自动向各值班报警点发布信息，并且可以回收出警情况；

5) 可以回收并记录巡更信息，并且可以根据报警情况自动发出巡更指令。

(2) 数字化物业管理中心

物业管理中心运行在住区宽带网上，其数据信息保存在住区信息管理中心，各组团根据需要可以随时设置服务终端。主要功能是实现房产管理、收缴费管理、物业报修管理、发卡管理、财务管理等功能。

(3) 设备监控中心

设备监控中心是物业管理的一个组成部分，主要是对各种住区设备进行监控或只监不控。具体要求是：

1) 监测高层和酒店电梯的运行情况；

2) 控制住区路灯和景观灯的开闭，采用人工或时间控制等方式；

3) 监控各种冷热系统的工作；

4) 监控各种泵站的运行；

5) 管理整个住区的背景音乐。

(4) 住区信息管理中心机房

该机房主要功能是将所有系统的共享信息在此进行集中管理，以供各系统使用和更新。它是实现住区一卡通的基础，是做到"一卡一网一库"的物质条件。主要设备包括：文件服务器、数据库服务器等。

4.1.5 数码港建设

针对义乌小商品城的特点提出的数码港的概念，旨在提高信息服务的水平，满足国内外信息服务的要求。主要做到：

(1) 别墅内光纤进户，6 类线到信息点，进 8~10 线电话，室内无线局域网（WLAN）覆盖；

(2) 高层公寓光纤到楼层，6 类线到信息点，进 6~8 线电话；

(3) 商业街区光纤到区域内，6 类线到信息点，进 6~8 线电话，整个区域实现 WLAN 的覆盖；

(4) 酒店每间客房有两个信息点，有 1~2 线电话，整个区域实现 WLAN 的覆盖；

(5) 根据技术发展和商业及娱乐的需要，向业主提供多媒体服务和商业交互服务。设备由运营商或业主投资。

4.1.6 酒店安防和智能化建设

为了更好地服务于中外客商，本住区的汽车旅馆和假日酒店的安防和智能化建设应该具有相当的档次，根据酒店管理公司的意见，提出以下基本要点：

(1) 具有完善的酒店服务管理软件；

(2) 具有能提供优异服务的一卡通系统，包括可以在住区内自由消费和娱乐；

(3) 具有高档次的楼宇控制系统，能提供冷热空调和新风；

(4) 具有完善的消防和安防系统；

(5) 具有电话、宽带网络和 WLAN 服务；

(6) 基于宽带网提供多种多媒体服务，包括视频点播（VOD）、远程视频会议等。

4.2 上海：汤臣国宝超高层豪华住宅的智能化系统

汤臣国宝位于上海市浦东新区陆家嘴，东临世界第三高塔"东方明珠电视塔"和上海浦东国际金融中心及震旦国际大厦，南临世界第三高楼金茂大厦，美景尽收眼底。

汤臣国宝用地面积约 $2hm^2$，总建筑面积 $141894m^2$，其中：地上总建筑面积约 $119758m^2$。由 2 幢 40 层大厦、2 幢 44 层大厦、会所、入口大厅及地下车库组成，居住总户数 220 户。

汤臣国宝是具有现代感的超高层豪华住宅，是浦东新区又一璀璨夺目的明珠。不仅是黄浦江岸边的标志性建筑之一，也是上海乃至中国超豪华高级滨江住宅。

4.2.1 智能化建设概要

在汤臣国宝高档公寓项目上，智能化系统的开发应用充分体现了系统的可靠性、先进性、完整性、实用性，特别是延华公司自主开发的 WEB & GIS 数字社区综合信息管理平台（参见图4-9），有效地解决了世界著名品牌产品（包括：德国思乐可视对讲系统、ABB 的 EIB 家居智能控制系统、道肯奇掌形仪系统、美国 Honeywell 的 V-Home 报警系统、美国 Honeywell 的 BA 系统、新加坡 ASIS 门禁管理系统以及电视监控系统等）的集成，使其应用更具人性化，体现了以人为本的思想。

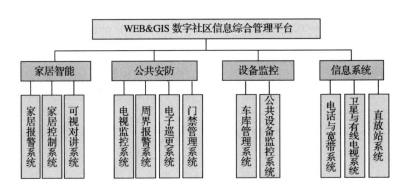

图 4-9　智能化系统架构图

4.2.2 智能化系统技术重点

智能化系统是一个系统工程，由不同的子系统实现各自特定的功能，子系统间又存在着功能的互补。同时，系统间通过必要的联动和集成，提高系统的整体功能。

汤臣国宝项目的智能化系统除了常规设计以外，其系统的设计应用重点在于安全、先进、设备档次和应用管理上。主要包括以下几个方面：

（1）构建先进可靠的智能化系统管理平台

为汤臣国宝构建一个先进可靠的智能化系统管理平台，是保证在这个平台下完善各个智能化子系统，让每个智能化子系统真正发挥作用的前提。本项目采用上海延华公司的基于 WEB & GIS 数字社区信息综合管理平台（2004 年国家重点新产品计划项目）作为汤臣国宝智能化系统的最高层结构。

（2）解决好安全防范问题

汤臣国宝作为上海市的高尚居住区，对住区的居住安全要求较高。因此，要解决好该住区的安全防范问题。对整个住区进行封闭式管理，在建立周界防范报警系统和闭路电视监控的基础上，主要侧重于出入口系统的建设，应用管理模式的建立及住户内的有效防护措施等。

（3）家庭智能系统——EIB 总线技术

基于 EIB 总线的 ABB 家庭智能系统分为两大部分：家庭灯光、电器等控制及家庭安防报警。

1）考虑到各个部分的特点及需要实现的功能，对家庭灯光、电器控制部分采用了各户独立非联网的结构。在不影响系统功能的前提下，最大程度地保证了用户的隐私，提高了系统的稳定性。

2）对安防报警部分，上海技防行业有专业要求，如 6 路以上防区密码布撤防，采用专业报警输入键盘和 EIB 通用接口模块配合的方式解决。既满足了业主的需求，也完全满足上海技防办的要求。

3）IC 卡和生物识别技术的应用开发：汤臣国宝的人性化在门禁管理系统中得到充分体现。本项目应用了 IC 卡和掌形识别技术，并设计了一套完善的管理流程——包括开车业主、步行业主、开车访客、步行访客、佣人等，让每一个进入汤臣国宝的人都感到舒服。

4）可视对讲系统的选型、安装、调试：可视对讲系统是汤臣国宝直接面对业主，也是最直观体现智能化技术含量的系统。采用了楼宇对讲行业中的顶尖产品——德国思乐彩色可视对讲系统。在实际设计、安装中，对于超高层建筑可视对讲的视频质量和视频与音频同步等问题，采取了有效的解决办法。

5）让节能、降耗真正起作用：汤臣国宝是高层建筑，配有高级会所，存在着大量的空调设备、给水排水设备、照明设备、电梯设备等。这些设备分布较分散，能源消耗也较大。通过建立楼宇自动控制系统，控制中心对这些设备进行集中管理，通过软件控制各设备的运行时间，真正达到节能、延长设备寿命的目的。系统中采用了 Honeywell 楼控产品。

6）认真做好管网和机房：智能化系统运行的效果好坏，管网和机房起着较大的决定作用。作为隐蔽工程，一旦出现问题，会直接影响智能化系统的运行。并且维护较麻烦，因此，要非常重视管网和机房的施工。尤其是汤臣国宝地处黄浦江边，系统对传输网的技术要求较高，对管网和机房更应该予以高度重视。

7）确保电视、电话、宽带的开通：信息系统的配置和要求比较高，既重要又有一定的难度，要确保开通。

4.2.3 系统功能简述

下面将对汤臣国宝智能化系统功能逐一进行描述。

（1）基于 WEB & GIS 的数字社区信息综合管理平台

1）系统目标

➤ 智能·数字化系统的实时监控

➤ 物业管理的信息化支持

➤ 汤臣国宝内部的信息交流

➢ 实现整个汤臣国宝的智能·数字化系统配置及运行管理、物业服务配置及运行管理的决策支持

2)系统功能

系统功能如图 4-10 所示。

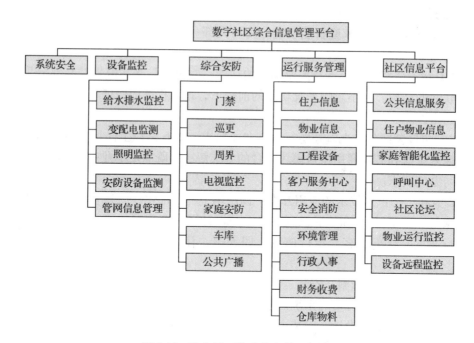

图 4-10　数字社区综合信息管理平台

3)系统主界面

系统主界面如图 4-11 所示。

图 4-11　系统主界面

(2) 卫星及有线电视接收系统

1) 功能定位

接收上海有线电视台传输的有线电视节目、鑫诺一号卫星转播的卫星电视节目、财经数据及一些境外卫星节目。

通过有线电视网络和 TOP 机，可以收看上海有线电视台的双向互动电视。还可以通过有线通信和因特网连接，实现数据交换与信息沟通。

2) 实施方案

卫星接收系统由卫星接收及卫星信号传输系统、有线电视传输系统组成。卫星接收系统设备主要由 3 台 3.2 m 卫星接收天线、25 台卫星接收机、25 台电视调制器及传输线路组成。有线电视系统接入由当地有线电视相关部门实施，户内根据户型设置 8 到 10 个有线电视终端。

一号卫星天线：接收鑫诺一号卫星节目。

二号卫星天线：接收一些境外卫星电视节目，如：东经 120°的泰星 1 号，东经 128°的日本通信 3 号等。

三号卫星天线：用于卫星 VSAT 接收系统（卫星通讯）。接收一些财经数据，如外汇即时行情、英国股市即时行情、纽约股市即时行情、日经指数、台湾指数等（属于扩充功能）。

(3) 可视对讲、门禁管理、车库管理系统

1) 可视对讲系统

➢ 功能定位

用于对住区业主及访客的出入管理。防止非本住区及本楼人员在未经允许的情况下进入住区或楼内，充分保证住户的人身和财产安全。

➢ 实施方案

住区会所设置 2 台彩色对讲管理机，对整个对讲系统管理；住区大门处设置 2 台住区围墙机，便于业主确认访客身份；在 4 栋大楼的单元门及地下电梯厅设置 8 套彩色对讲门口机，对从单元门和地下车库进入大楼的人员进行管理；在每户每层的前门设置彩色门口对讲主机（共 246 台）、后门设置对讲主机（共 254 台）实现对访客的二次确认；每层业主室内客厅处设置一台彩色可视对讲机（共 254 台）、厨房内设置一台非可视对讲分机（共 261 台）。对讲机选用德国思乐产品。

2) 门禁管理系统

➢ 功能定位

门禁管理系统通过采用新加坡 ASIS 的 IC 卡技术和道肯奇的掌形仪相结合，配合可视楼宇对讲系统实现封闭式管理，有效防范无关人员进入住区、单元以及户内，真正实现安全性高、出入方便，开门有记录、可实时对各门进行监控、可与安防系统联动等优点。系统可与停车场管理、考勤管理、收费管理、巡更等系统实现"一卡通"。

➢ 实施方案

- 每户每层设独立门禁：每户每层前门设掌形仪，后门设读卡器。业主进出前门通过掌形进行认证，并可开启前门的电子锁。佣人进出后门通过授权过的 IC 卡来控制后门的开启；

- 主人电梯设联网门禁：在主人电梯内设联网的读卡器加掌形仪，主人通过刷卡或掌形控制电梯到达自己楼层；
- 佣人电梯设联网门禁：在佣人电梯内设联网的读卡器，佣人通过刷卡控制电梯到达自己的楼层；
- 单元楼出入口设联网门禁：单元楼一楼单元入口、地下室单元入口均设联网的 IC 卡读卡器加掌形仪，业主可以通过刷卡或掌形进入单元；
- 会所设联网门禁：会所设置 5 台联网掌形仪，用于出入控制及消费。

3）车库管理系统

➤ 功能定位

停车场管理系统以非接触式卡作为停车场车辆进出的凭证。一车一卡，对车辆进出图像进行对比。将先进的射频卡识别技术与视频图像处理技术结合，通过计算机处理，对停车场车辆出入进行安全管理及收费。

➤ 实施方案

系统采用远距离 ID 卡、IC 卡识别结合与车牌号码识别方式。在车辆出入口设置读卡器和摄像机，车辆进出时，感应区域内的读卡器接收并读取经过授权的感应卡，同时摄像机拍摄车辆车牌号码，把有关感应卡的信息和车牌号码信息传输到管理电脑的数据库中。电脑判断合法后，道闸开启放行。对于访客车辆的管理，通过发放临时 IC 卡实现。通过电脑管理，可以实时掌握车辆的进出情况。汤臣国宝配备的是德国速宾车辆道闸管理系统。住区出入口共配置 3 进 2 出共 5 个车道管理系统，地下车库配置 6 套一进一出管理系统。

4）可视对讲、门禁管理、车库管理一体化管理流程

➤ 车行流程

- 住户：业主驾车到住区门口，远距离感应装置感应到业主车上的感应卡，系统判断为有效卡后放行。进入地下车库的时候，同样，远距离感应装置在感应到业主有效卡信号后予以放行。业主将车停入车库后，进入电梯，通过刷卡或掌形启动电梯到达业主楼层，然后通过对讲或掌形进入户内。
- 访客：访客驾车到达住区大门时，经住区大门处围墙机和被访业主通话，经确认身份后保安人员予以放行。访客在地面临时停车后，进入大厅，在大厅工作人员经对讲管理主机和业主确定访客身份后，发给访客临时卡。访客通过临时卡将车停入地下车库，并通过临时卡进入电梯到达需访问业主的楼层，然后通过业主门口可视对讲机联系户内被访业主，业主再次确认访客身份后开启大门。

➤ 步行流程

- 业主：业主到住区门口，保安识别进入住区。到达单元楼，通过对讲、刷卡或掌形进入单元电梯厅，再进入主人电梯，通过刷卡或掌形仪启动电梯到达业主的楼层，然后通过对讲或掌形仪进入户内。
- 佣人：佣人到住区门口，保安识别进入住区，到达单元楼，通过对讲、刷卡进入单元电梯厅，再进入佣人电梯，通过刷卡启动电梯到达业主的楼层，然后通过刷卡进入户内。

- 访客：访客到达住区大门时，经住区大门处围墙机和被访业主通话，经确认身份后保安人员予以放行。保安陪同访客到达单元楼，通过刷卡或掌形进入单元电梯厅，进入主人电梯，通过保安刷卡或掌形仪启动电梯到达被访业主楼层，访客通过业主门口对讲主机，进行二次确认，进入业主户内。

(4) 家居智能化控制系统

1) 功能定位

本系统通过使用美国 ABB 公司的 I-bus EIB 智能控制系统，控制户内各种设备实现 3 大功能：

- 家庭设备智能控制：实现照明、家用电器、电动窗帘、电动设备的多种控制组合。对照明进行移动探测、开关、时钟控制、集中控制、分散控制等。家用电器可进行定时控制、远程控制。可通过设置会谈场景、休息场景等场景，营造不同的灯光、电器、窗帘等的不同状态控制。
- 家庭防盗报警功能：在地下室、一层、二层及顶层的每一户设置门窗磁、红外幕帘探测器、紧急报警按钮及报警主机；在其他楼层的每一户设置门磁、紧急报警按钮及报警主机。所有设备接入联网 EIB 系统。系统对外来入侵和家中紧急情况（如煤气泄漏）进行报警，通知相关人员进行处理。住区设立二级联网的报警中心，对每户的设撤防、报警、故障、主机失电等进行记录。在住区的安保中心设置"110"紧急报警按钮，由专线电话和"110"相连，确保在紧急情况下，向当地公安部门求助。
- 系统联动和集成：当煤气泄漏报警时，报警系统必须联动家庭智能控制系统的煤气关断阀，通过系统集成实现相关系统的联动。如：打开相关照明、启动声光报警器等。

2) 实施方案

- 家庭智能控制系统

家庭设备的控制主要由美国 ABB 公司的 I-BUS 系统的输出控制模块和传感元件的控制面板完成。电梯厅采用总线被动红外探测器自动启动照明，客厅、卧室、书房采用 28 路的每路 4-6A 的灯光驱动模块直接带灯光负载，完成单独灯光回路和厨房插座回路的智能控制，选用 2、4 路的百叶窗驱动器接电动窗帘的 220V 交流电机，完成电动窗帘的开拉闭合、升降、百叶的翻转调整。配置电话远程模块，通过手机查询、控制家庭智能设备。

在客厅配置不锈钢温控 TRITON 面板。该面板能完成温度检测、显示、控制、灯光、电动窗帘控制等多种功能。

在其他区域按照设计平面图位置，配置 TRITON 场景遥控面板。该面板能发出 6 组命令，可设定多达 6 种场景。

- 家庭防盗报警系统

在房中设置的各类报警设备接入美国 Honeywell 的 6 防区、8 防区报警键盘。报警键盘的各路信号通过接口模块，接入联网 EIB 总线内。发生险情时，报警信号通过 EIB 总线迅速传送到住区保安中心，同时联动家庭内的 EIB 设备做出相应响应（比如煤气报警，在报警信号送到住区管理中心的同时联动家庭内煤气关断阀关断煤气）。

(5) 电视监控系统

1) 功能定位

在住区周界、出入口、主干道、单元门出入口、地下车库出入口及内部、一层电梯厅、货梯电梯轿厢内以及安保中心内等重要区域设置监视点，将现场的图像信号实时送到监控中心，使保安人员能够实时对上述区域的现场情况进行监视，从而掌握整个监视区域内的安全动态信息，强化监视区域管理，避免人为管理的不便和失误，提高管理的效率和水平。

2) 实施方案

本系统由摄像机、矩阵切换主机、数字硬盘录像机、监视器、传输线缆、楼层显示器等组成。

前端：由61只彩色摄像机、41只半球彩色摄像机组成。

终端：由1台大型矩阵、7台英国DM硬盘录像机、12台21″SONY彩色收监器、7台19″显示器等组成。

(6) 周界防范报警系统

1) 功能定位

周界防范报警系统主要监视住区周边情况，防止非法入侵。通常住区周边的范围大，不同的住区周边条件和环境不同，传统的围墙加人防很难实现全面有效的管理。周界防范报警可对住区周界实行24h全天候监控，使保安人员能及时准确地了解住区周界的情况，实现自动报警及警情记录，以便查询。

2) 实施方案

前端：29对日本SELCO主动红外对射探测器。

终端：1台Honeywell报警控制主机 + 一套多媒体软件 + 1只警号 + 报警模拟显示屏 + 控制电脑 + 1台打印机。

(7) 电子巡更系统

1) 功能定位

在技防基础上辅以必要的人防，加强人们的安全防范意识。对于住区来说，对保安人员巡查工作的管理能最大限度地发挥技防系统的作用。因此，通过配置保安巡更系统，对保安人员的巡更工作进行有效管理。

2) 实施方案

采用离线巡更方式。在周界、闭路电视监控系统的死角、地下车库、重要公建、主要通道等处，设置巡更点，采用美国VIDEX专业巡更系统，由一台控制电脑、一个数据变送器、一只数据采集棒及80个离线信息按钮组成。

(8) 楼宇自动控制系统

1) 功能定位

汤臣国宝有众多的机电设备，虽然许多设备自身带有信息、参数的显示或测量装置，但一般只能在现场监视。若人员下班后无人监测时，出现异常情况时则无法及时获得特殊信息，会带来不良后果。结合建筑设备自动化系统的设计功能，对楼宇设备的运行参数、信息进行采集后，集中到智能化控制中心进行实时监测，最终达到设备信息的集中管理。发生异常时，及时通知相关人员处理特殊情况。

2）实施方案

采用美国 Honeywell EXCEL5000 楼宇控制系统和美国 ABB 公司的 I-bus 产品进行设计，对本住区内的会所空调控制系统、送排风系统、给水排水系统、电梯系统、公共照明系统、景观照明系统进行统一管理。包括：

- 会所空调控制系统：对会所的 1 台冷水机组、2 台锅炉机组、15 台空调机组和 3 台新风机组进行控制；
- 对 8 台送排风机进行控制和报警联动控制；
- 对 4 个地下生活水池、8 个生活水泵、8 个生活加压泵、17 处地下集水坑、34 个潜污泵进行控制；
- 对 2 路高压进线、6 台高压柜、2 台变压器和 11 台低压柜进行监测；
- 照明系统采用美国 ABB 公司的 I-bus 产品；
- 对 12 部电梯的运行状态及故障报警进行监测。

（9）直放站系统

1）功能定位

大楼内、地下室对无线通信的信号的屏蔽，无线信号的穿透损耗和信号散射，使得大楼和地下室内的移动手机通信信号很不稳定，形成通讯盲区。因此，需要设置直放站系统，提高大楼住户通信的信号覆盖率。

2）实施方案

直放站系统主要完成移动和联通的手机信号覆盖。根据汤臣国宝的实际情况，所覆盖的区域为各楼的地下两层、地面 1~44 层。移动通信系统采用双频器件覆盖，即中国移动的 GSM900MHz、DCS1800MHz 部分以及中国联通的 GSM900MHz、CDMA800MHz 频段的覆盖。

（10）室内电话与宽带系统

1）功能定位

对户内的家居综合布线部分进行设计。家居综合布线系统能够将用户分散的线缆系统合并到一组统一的、标准的网络中去，便于管理和维护，为住区的居民提供先进、宽带、高速、稳定、可靠的信息传输平台。采用家居综合布线，具有良好的投资保护性和经济效益。由于能与用户现存的话音、数据系统一起工作，因此，用户在硬件、软件、培训方面的投资不会浪费。

2）实施方案

语音线和数据线均采用超五类线缆，语音模块（每户 12~18 个）和数据模块（每户 12~15 个）均采用超五类模块，选用统一的线缆和模块，方便以后语音和数据的变换。

4.3 杭州：现代城——以 IBMS 集成平台构建住区智能化系统

4.3.1 概述

杭州现代城位于杭州市区中北部，总建设用地约 24.4hm^2，总建筑面积约 50 万 m^2，其中住宅为 47 万 m^2，配套公建约 1.1 万 m^2，商业用房 2.8 万 m^2。以高层、小高层建筑为主。该住区分三期建设，一期为中区，由各类房型组合而成：15 栋高层及小高层，划分为 5 个组团和 1 个会所，总住户为 1207 户。

本节所述杭州现代城智能管理系统即为本项目一期的智能化系统。该系统第一层次集成是中央监控与管理系统，其功能是对各分系统的功能集成，并进行内部全局性的监控、协调和管理。通过公共高速通讯网络运行在同一计算机平台和统一的软件界面环境下。是智能住区系统一体化集成最重要的功能体现。

而相关分系统的集成，是第二层次的分层系统集成。每个分系统将独立体现其集成的功能，独立地对各自系统进行监控、协调和管理。每个分系统都可以有自己的系统集成界面，每个分系统都可以有自己的网络拓扑结构，也可以通过通讯数据网关（DG）连接到公共通讯高速网上来。

4.3.2 智能化系统构成

杭州现代城（一期）智能化系统包括（参见图4-12）：

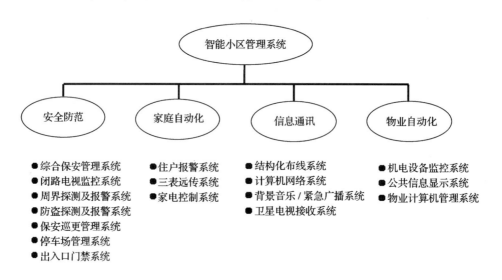

图 4-12　杭州现代城智能化系统结构图

（1）综合保安管理系统
1）闭路电视监控系统
2）周界防越报警系统
3）区域防盗报警系统
4）感应式门禁系统
（2）电子巡更系统
（3）机电设备管理系统
（4）停车场管理系统
（5）家庭智能化系统
（6）可视对讲系统
（7）公共信息显示系统
（8）物业计算机管理系统
（9）局域网络系统
（10）背景音乐及紧急广播系统

(11) 卫星电视接收系统

(12) 中央机房控制系统

4.3.3 综合保安管理系统

杭州现代城的综合保安管理系统，从其住区防范功能划分，主要分为4个功能模块，即周界防越系统、防盗报警系统、门禁管理系统和闭路监控系统，如图4-13所示。

为了架构一个现代化的综合安全防范系统，此项目采用目前国际上先进的、采用集中–分布式配置的综合保安管理系统，将现有的功能模块集成到一个控制系统中，通过一个信息集成平台将各个功能模块的系统信息和报警信息整合到一个操作平台，对这些信息进行集中综合管理，使各个功能模块在同一个网络平台上进行信息和数据的交换。同时以综合保安管理系统这样一个完整的安防系统集成到上级中央信息管理系统中，十分便捷、有效地实现通讯网关的冗余热备份。

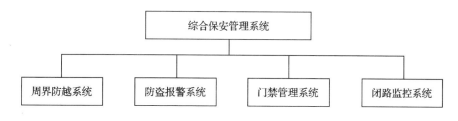

图4-13 综合保安管理系统

由于采用集中–分布式的控制方式，通过数据总线将各个网络节点连接起来，因此从理论上讲，系统具有无限可扩展性。通过系统软件的设定，对用户的级别和权限，包括硬件和系统软件的使用、对系统信息的管理等作出了明确的限定。目前，主流的综合保安系统网络平台，是标准的工业系统网络控制平台，在具有专业性的同时又具有亲和的人机界面，对系统各个前端监控点的监视和控制可直接通过人机界面进行，在保证网络安全性的同时，为系统的操作和维护管理提供了十分便捷的物理条件。

本项目选用新加坡科技电子有限公司的ST8100综合保安管理系统，该产品已由中国公安部报警系统检测中心检测通过，并成功地应用在上海博物馆、金茂大厦等著名项目中。

ST8100综合保安管理系统能全面、综合地对防盗、监听、报警、出入口门禁、闭路电视监控、巡更管理、周界防卫等功能实施集中的自动化的监视、报警和控制。系统多任务和分布式处理功能，在紧急时刻将确保系统迅速作出响应，及时、有效地处理所有紧急事件和报警。中央计算机管理系统（SC）为保安操作员和系统之间提供方便的人机界面，通过高度图形化窗口简化整个系统操作；智能分站（IOS）用于监控各种保安传感器、读卡机和机电设备等，具有独立的数据存储与执行任务功能，提高了系统的可用性和智能性，同时，IOS提供多种运作功能，能够有效地编制各种复杂的监控功能模块和实现联动逻辑等；通讯与数据网关通过管理IOS与SC之间的通讯，提高整个系统的工作效率。通过特制的通讯检查算法，使系统在没有信息传输的"静止"期间也能检查IOS通讯的完备性，同时在报警时也能确保传输信息的反应时间。智能设备接口（IEI）通过高层界面使SC容易与各相关子系统集成，通过各子系统的高层集成提高联动工作效率。

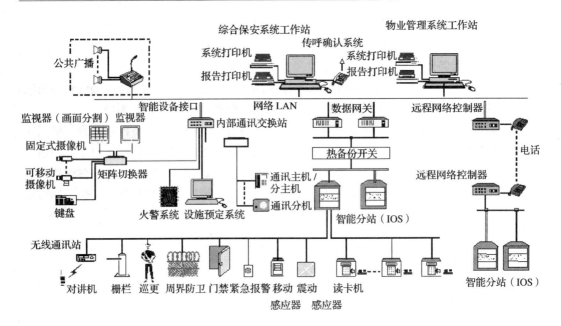

图 4-14 ST8100 综合保安管理系统结构

ST8100 综合保安管理系统是一个多层次、分布式智能系统，每一层结构均采用先进、成熟的微处理器技术，具有多任务操作和分布式处理功能，在紧急时刻可确保系统快速响应，及时有效地处理紧急事件和报警。整个网络结构分为中央监控层、通讯网络层、智能分站和各类现场报警传感器、读卡机等前端设备。

ST8100 的系统网络以集中－分布式的控制原理，采用客户－服务形式的网络拓扑结构，可便捷地对中央控制层的监控计算机数量进行增减，同时在线的各台监控计算机具备互为备份功能，可通过软件使用/功能权限的更改实现异地/异机信息切换和职能切换。中央监控工作站运行的是实时多任务、多用户操作系统软件，能够实现多级别的密码控制和各类名单的备案和历史记录，有效地实行安全保卫控制。同时，通过系统管理员对各类前端信息点通信传输路径的设定，可对不同位置的中央监控站赋予不同的管理区域定义，即通过软件实现各区域的专项管理。

（1）中央监控层

根据项目实际使用需求，整个系统配设一个中央控制（中区）和两个分控（南区和北区）。中央监控工作站可根据系统管理员通过软件设定的不同用户等级，为系统操作人员/系统维护人员与系统之间提供简便实用的人机界面，通过高度图形化窗口方式简化整个系统的操作，中央监控工作站的工作软件具有实时多任务、多用户的功能，能够自动生成报表，并通过系统配置的打印机输出。

（2）通讯网络层

通讯网络层主要由通讯数据网关、智能接口（IEI）等组成：

1）通讯与数据网关

管理智能分站与中央监控工作站间的系统信息通讯通道，通过特制的通讯检查算法，检查系统/中央监控工作站与智能分站通讯的完备性和实时性，确保各类信息的正确传输。通讯与数据网关带有 2 个 ISA 扩展口，分别用于建立与智能分站的 RS485 通讯，有 2 个独立通道，LAN 局域网卡用于建立与局域网之间的联接。ST8100 综合保安管理系统的通讯与数据网关负责监控系统的通讯管理。

2）智能设备接口（IEI）

通过高层界面使 ST8100 综合保安管理系统与安防子系统及其他弱电系统集成，如：电视监控系统、消防报警系统（二次监控）等。IEI 为 ST8100 及与其联动的系统提供了一个信息通道，并通过自身的软件将两者的信息整合起来，确保系统联动所必须的信息交换。各子系统间的高层集成提高了系统的联动工作效率和使用效率，例如：当报警发生时，联动报警点附近的相关的摄像机和出入口控制器等。

同时，通过 IEI，实现与上级系统网络——中央集成管理系统的双向实时通讯，并将信息点的状态信息和可控指令显示在中央集成管理系统的工作站的用户图形界面上。

（3）智能分站（IOS）

用于监控各类保安传感器、读卡机等前端设备，采用 16 位的微处理技术，具有独立的数据存储与执行任务功能。同时智能分站提供多种逻辑运算，可有效编制各种复杂的监控程序，例如，全局程序、局域程序、时间程序和事件程序等，通过这些监控程序的执行，对所管辖区域的前端监控信息点进行统一有序的管理，并将前端监控信息点的状态信息、报警信息和智能分站自身的状态信息、报警信息实时地上送综合保安管理系统网络，并显示于系统设定的中央监控工作站的显示屏。

4.3.4 闭路电视监控系统

闭路电视监控系统是获取视觉信息最可靠、最重要的手段，通过设置在住区内的周界和通道口的摄像机做视频监控，中央控制室实现对图象切换和储存、区域显示和综合控制与管理，其系统结构如图 4-15 所示。

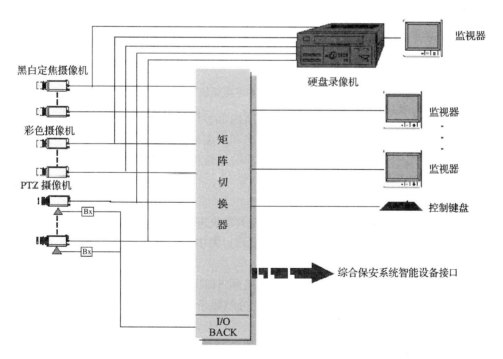

图 4-15 闭路电视监控系统结构图

闭路电视监控系统与防盗报警系统、周界防越系统、出入口管理系统、停车场管理系统等组合成一个完整的安全保卫自动化系统，由ST8100综合保安管理系统网络进行全面的统筹管理。ST8100综合保安管理系统网络通过智能分站（IOS）管理防盗、防抢系统和出入口管理系统的系统信息和报警信息，并通过作为网络控制节点的智能设备接口（IEI），实现与电视监控系统的联动，通过系统中联动特征参数、联动点IP地址参数、摄像机编号参数的设定，赋予前端探测器/信息点与附近摄像机的报警联动功能，并确定所联动摄像机的数量。

4.3.5 报警和巡更系统

防盗报警系统是采用现代化传感技术，特别是红外技术及微波技术，对人体入侵移动进行探测，同时产生声光报警及联动相关电子设备，阻止非法闯入。

周界防越报警系统是对一个区域实行封闭管理，通过对住区周界区域的布防，有效地防止非法人员入侵该封闭区域，从而确保住区的安全。周界防盗报警系统的所有前端探测器和信息点均连接到ST8100综合保安管理系统的智能分站（IOS）的数字式输入/输出卡（DIO）上，智能分站赋予其惟一的IP地址。前端探测器和信息点的报警信息和状态信息通过智能分站实时地向综合保安管理系统网络传输，同时ST8100综合保安管理系统对前端探测器和信息点的指令信息亦通过智能分站传输到响应IP地址的前端探测器和信息点，参见图4-16。

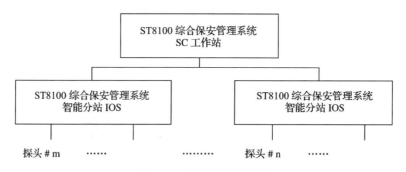

图4-16 报警和巡更系统

区域防盗报警系统主要通过配设于中央会所内部各楼层电梯厅、消防通道、库区、重要办公室、营业场所、重要处室、关键设备用房和大厦的出入口，担负着中央会所内部非正常工作时间/正常工作时间内发生的胁迫性/非胁迫性报警信息的采集和传输任务。

巡更选用美国VIDEX公司的巡更系统。

4.3.6 感应式门禁系统

本系统是作为ST8100综合保安管理系统的子系统进行设计的，ST8100综合保安管理系统的中央工作站SC将是门禁系统的控制主机和报警中心，前端读卡机将联接在ST8100的智能分站，参见图4-17。

门禁系统的所有前端读卡机和信息点均连接到ST8100综合保安管理系统的智能分站（IOS）的数字式输入/输出卡（DIO）上，智能分站赋予其惟一的IP地址。报警信息和状态信息通过智能分站实时地向综合保安管理系统网络传输，同时ST8100综合保安管理系统对前端探测器和信息点的指令信息亦通过智能分站传输到响应IP地址的前端探测器和信息点。

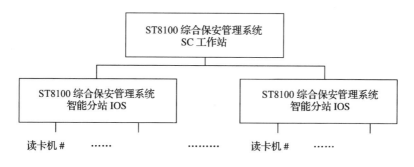

图 4-17 感应式门禁系统

4.3.7 停车场管理系统

采用感应式 IC 卡管理,共 8 套管理系统。在 2 个住区出入口、5 个组团和 1 个会所地下车库分设一进一处进出管理。分设读卡控制器,住户通过刷卡开启闸门机,并把有关 IC 卡的信息传输到管理软件数据库里,各组团车辆只能进入各自组团。外来车辆停于室外停车场。住区 2 入口处分设临时卡制卡系统,可迅速为外来车辆制作临时卡,并可通过此卡进行计时、收费。通过电脑的管理,可以实时掌握车辆的进出情况(包括:什么样的车、什么时间、车牌号为多少等)。

系统选用 AUTOPARC ST8300 智能 IC 卡停车场管理系统(选用捷顺闸门机)。AU-TOPARC ST8300 停车场管理系统由中央管理计算机(ST8350)、入口管理站(ST8320)、出口管理站(ST8310)和出入口自动栅栏机等设备构成,见图 4-18。

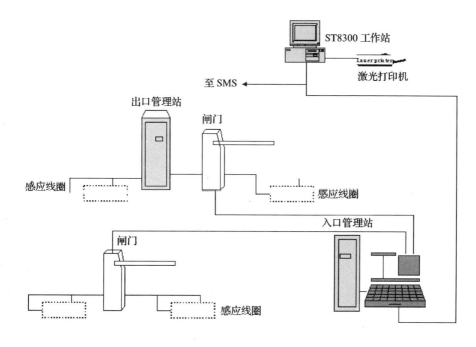

图 4-18 停车场管理系统示意图

4.3.8 家庭智能化系统

(1) 住户报警及家电控制系统(由住户选配)

采用新加坡科技公司生产的新一代家庭智能化产品 ST900-8X 型家庭智能化系统,该系统采用家庭总线控制(美国标准:HBS/RS485),所有的报警和自动化功能模块都可以连接到家庭总线上来。

(2) 三表远传系统

选用深圳资江实业有限公司 WMS-Ⅱ系统,WMS-Ⅱ智能表网络管理系统适用于对高层住宅居民用表进行联网,由计算机集中管理。

系统采用集散性结构、模块化设计,大大提高了系统的可靠性和可扩容性。数据采集器与管理中心计算机的通讯采用标准 RS485 实现远距离的数据传输,独特灵活的组网方式,适合于各种安装使用环境,如图 4-19 所示。

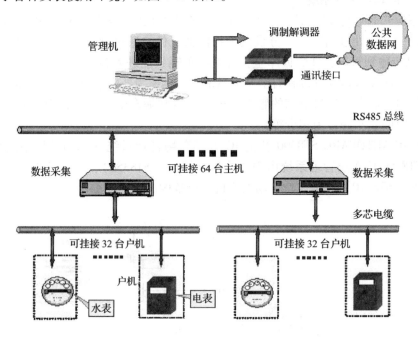

图 4-19 三表远传系统结构图

4.3.9 可视对讲系统

本项目包括可视对讲访客、出入口控制、报警联网及软件管理等。在各组团门厅入口处,设立数字式门口机,通过此门口机,访客可直接键入编号呼叫相应住户,住户通过室内可视话机(住户选配)确定访客身份,由住户为其开启电控门。

各门口机并联后集中到物业管理中心的总中央控制器和总管理机上。同时,通过 FXL 连接卡联网。

在门口机处,选用感应读头及密码键盘,控制住户的有效出入,并将其纳入一卡通系统。

通过总中央控制器上的 RS232 标准接口,连接至物业管理中心的微机,通过 FERMAX 提供的图形化管理软件,随时监察系统的运作情况,并可将有关信息储存及打印。

本项目的可视对讲系统采用西班牙 FERMAX 品牌的 MDS 微电脑数控式系统。

4.3.10 机电设备管理系统

如图 4-20 所示，本项目的机电设备管理系统采用了美国 ALC 公司的楼宇自控 WebCTRL 系统，主要对以下几个机电设备系统进行了监控：

➢ 送排风系统（16 台送排风机，采用 CO 浓度控制）
➢ 给水系统（24 台水泵、6 个水池，监视）
➢ 电梯系统（40 台电梯，监视）
➢ 照明系统（6 路住区道路照明，时间表控制）
➢ 变配电系统（6 个变电站的变压器、低压进线、母联，监视）
➢ 空调系统（会所空调系统，温度和时间表控制）

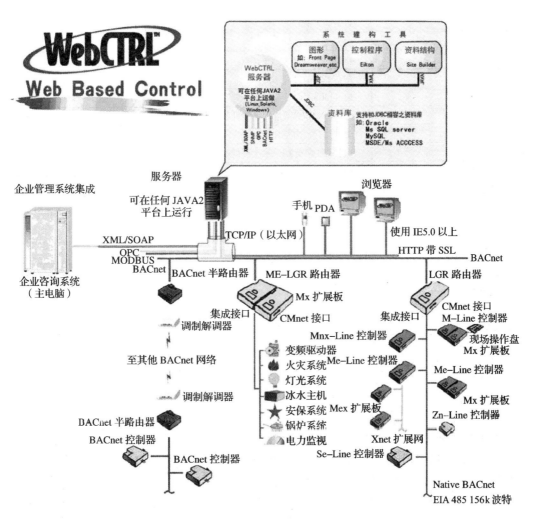

图 4-20 机电设备管理系统结构图

4.3.11 公共信息显示系统

本项目选用上海幸马（晨昊）电子有限公司户外型双色屏产品。产品技术参数如表 4-1 所示。

表 4-1

LED 规格	12mm×12mm（□12）
LED 中心点间距	16.0mm
单点显示颜色	1 红 2 绿
显示屏净面积	3.072m（宽）×2.048m（高）= 6.291456m^2
屏幕解析度	192（宽）×128（高）=24576（点）
屏幕比例	3：2（宽：高）
单元数目	6（宽）×8（高）=48（个）
显示汉字	12（列）×8（行）= 96（个）（16 点阵字）
屏幕重量	190.0kg（不含支撑结构）
整屏最大功耗	6.3kW（正常功耗 2.52 kW）
像素密度	3906 点/m^2
亮度调节	白天晚上亮度调节
屏体亮度	4500～5000cd
视角	左右 120°；上下 60°
最佳视距	20～130m
灰度等级	红绿各 256 级灰度，非线性校正——不上视频的无灰度等级
单点控制方式	动态锁存，占空比调灰
显示颜色	3 种（红绿黄）——无灰度或 65,536 种——256 级灰度
换帧速度	80Hz
扫描速度	160Hz
控制方式	计算机联网控制，屏幕像素与控制机显示器像素点和点对应不上视频的需脱机控制，通过 232 通讯串口发送显示内容
显示模式	24 位（真）彩色 640×480 模式（VGA 方式）
连续工作	大于 24h
屏幕寿命	不小于 10 万 h
屏幕 MTBF	5000h
杂点率	小于 3/万
电源	380VAC±15%，50Hz，三相五线制
环境要求	-10～+45℃，10%～95% RH
抗台风能力	11 级

4.3.12 背景音乐/紧急广播系统

广播音响系统使用同一套设备，具有两种功能：平时播放背景音乐；出现火警等紧急情况时，播放紧急广播，引导人们疏散。

本项目使用美国 SAC 公司（DSPPA）生产的专利产品 DSPPA™ MAG 多媒体、智能化消防/公共广播中心设备——MAG1169 控制主机为核心的一套矩阵广播系统。

4.3.13 卫星接收系统

本项目采用先进的 850MHz 邻频传输系统，且具有质量高、频道多等特点，其工作的频率在 850MHz，可以调制 20～40 套节目，为今后增加电视节目套数和调整节目内容提供了极为方便的条件，完全可以满足普通的电视收视，如图 4-21 所示。

(1) 前端均采用美国 CATV 系列

邻频调制器采用广播级高频 PBI—3000MC，其工作频率在 550MHz 以上。它采用中频调制体制，内有高性能中频残留边带声表滤波器，可有效抑制寄生分量，使带外抑制大于 60DB。电路上采用双重频率锁定技术，频率准确、稳定。输出端采用宽带放大器，使输出电平高达 120DB 以上。

(2) 卫星接收机采用广播级工程专用型 PBI—3000S

其接收机具有独立电路分别处理 PAL 和 NTSC 两种制式信号的带宽和去加重模式，对 PAL-D 及 NTSC 制式电视信号均有良好的接收效果。

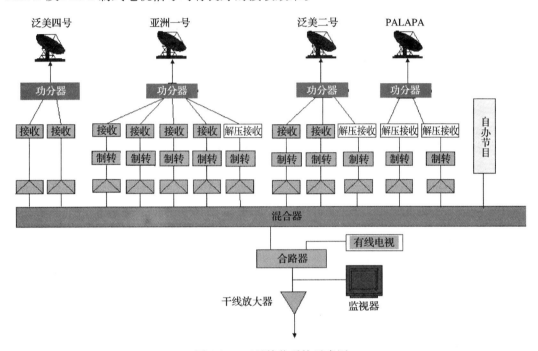

图 4-21 卫星接收系统示意图

(3) 系统采用可以达到 1000MHz 的双向线材

用户端按照规范设计了双向螺旋滤波器。采用浙江广电研究所的放大器和分支器等设备。为了确保整体信号的传输清晰度，系统中设计了单向干线放大器和用户放大器。其中干线放大器上行下行为：47-850MHz；带正负 0.75DB 的平坦度。用户端放大器上行下行：47-860MHz。采用双向的分支器，最小损耗 10DB。这样可以节省今后的设备调整，仅仅做骨干放大器和用户放大器的一些少量更换。整个系统的用户端完全采用双向设备包括双向螺旋滤波器。

(4) 网络线材

CATV 同轴电缆是由内导体、绝缘体、外导体（屏蔽层）和护套 4 部分组成，绝缘体（介质）使内、外导体绝缘并且保持轴心重合。线缆的特性阻抗 Z 定义为在同轴电缆终端匹配的情况下，电缆上任意点电压和电流的比值，它和外导体直径和内、外导体之间绝缘体材料的相对介电常数有关。信号在同轴电缆里面传输的衰耗与同轴电缆的结构尺寸、介电常数、工作频率有关。

4.3.14 物业计算机管理系统

物业管理软件采用 Internet 时代的技术架构开发，如图 4-22 所示。

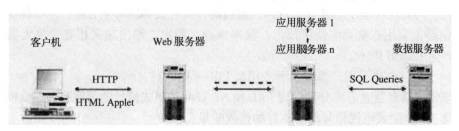

图 4-22 物业计算机管理开发体系结构图

SynchroFMS 物业管理系统是采用 Java 语言编写，另外，某些与接口有关模块将根据编程的实际需要，用 C 或 C++ 编写。SynchroFMS 物业管理软件的技术优势在于：

（1）较低的用户管理成本

（2）灵活的用户权限管理

SynchroFMS 物业管理系统是通过 Web 浏览器进行访问，这样就可以灵活的控制每个用户可以访问的功能模块，从而用户可以主动地访问自己使用的功能模块，而且使用不同功能模块的用户之间互不干扰。

（3）用户易学易用

浏览器的技术简明易用，一旦用户掌握了浏览器用法，也就掌握了 SynchroFMS 物业管理软件使用的钥匙。

4.3.15 住区局域网络系统

贯穿 15 座建筑的整个园区网范围内采用了 3Com 公司的千兆以太网解决方案作为对整个网络基础架构的支持，安装了 3Com Switch 16990 作为其园区网核心交换设备，并采用 3Com 公司带有千兆上联模块的 SuperStack Ⅱ Switch 3300 交换机，用来为用户提供 10/100Mbps 的以太网连接。网络拓扑结构如图 4-23 所示。

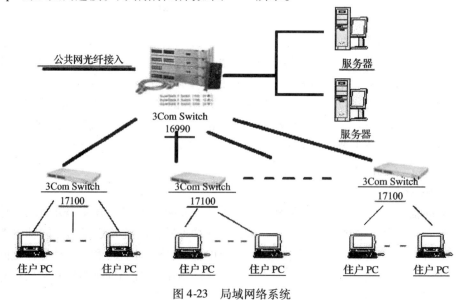

图 4-23 局域网络系统

14座建筑各拥有 Switch 17100 交换机作为楼宇联网核心，位于网络中心的 Switch 16990 核心交换机与作为楼宇核心的 Switch 17100 交换机实现互联。这些楼层交换机负责为 1207 分布用户提供 10/100 Mbps 的联接。

4.3.16 中央机房控制系统

机房工程规划实施的主要内容为：机房装修工程、空调新风系统、UPS 及配电系统、机房照明、门禁系统和接地系统等。

（1）中央机房位于会所 2 楼，总面积 65m²。温度要求为 22℃±2℃，湿度要求为在 55%±10%；静态条件下尘埃，粒度≥0.5μm，个数＜18000/dm³；噪声：主操作员位置＜68dB；静电＜1kV；照度：主机区＞300Lx，辅助机房≥200Lx，应急照明≥5Lx；直流工作接地≤1Ω；零地电位差≤1V。

（2）配电系统：分为智能化控制系统设备供配电系统和机房辅助设备供配电系统两部分。机房辅助设备供配电系统主要为照明、精密空调及新风机等负载。

整个配电系统按一级负载等级进行设计施工，采用 TN-C 系统三相五线制双回路作为总供电源，在智能化系统设备供配电系统中引入计算机地线，采用 TN-C 系统三相五线制输出供电给所需设备。

设置一个 UPS 总配电柜，负责机房内的智能化系统设备供电。在 UPS 总配电柜内加入避雷器，进行防雷处理。

在主机室放置一个空调配电箱，负责 2 台精密空调机的供电。

在办公区放置区域配电箱，负责机房内的各功能区域照明控制。

（3）机房照明系统：依据设计规范，主机房、主控室等照度指针为 300Lx（距活动地板 0.8m 处），机房照明灯具一律选用菲利浦嵌入式 3 管格栅灯具。

机房设应急照明，应急照明按照功能区选用 1~2 组灯具经切换由专用 UPS 电源供电，以实现事故照明。

应急照明系统由专用 UPS 电源、继电器组成，采用自动切换方式，当市电供电中断时，应急照明系统自动启动。应急照明系统在市电照明中断时，能使机房各区域的最低照度为 30Lx，持续时间为 240min。

此项目采用专用 UPS（6kVA/4h）作为应急电源。

（4）空调系统：中央机房的空调通风系统采用机房专用的精密空调。这种空调具有保持恒温恒湿的特点，能满足计算机对环境（温度、湿度、洁净度）的严格要求。

（5）接地系统：为避免计算机主机受到闪电异常高压流影响而造成重大损失，同时避免计算机设备受外界电力干扰，并顾及人员安全，因此计算机机房的接地电阻为小于 1Ω。为了减少外界高频干扰信号对计算机的影响，计算机配电柜的地线排连到高频干扰泄放地上。

4.4 东营：市直机关经济适用住房的智能化系统

东营市直机关经济适用住房总占地面积约 320hm²，总建筑面积约 212 万 m²，居住户数约 1.3 万户。设计目标是以经济适用、适当超前适应未来生活为前提，在充分考虑建筑风格、园林景观和环境保护的基础上，提供小区的安全保障（包括家居安全），提供温馨舒适便利的服务，营造一个自由沟通的信息平台（包括现代通信与计算机网络）。

4.4.1 总体设计的指导思想

本系统总体设计的指导思想为：分散控制、分级集成、分层管理、结构化布线。

（1）分散控制即根据实现功能的不同，分成不同的智能化子系统分别实现，每一个子系统根据监控与服务的对象情况，在系统前端设置对应的监控服务控制器，进行分散控制。

（2）分级集成是根据整个住区规划特点和实际需要，从技术、经济、经营与服务等多角度决定系统集成的内容。通过采取分子系统、分层次由低到高逐级集成的思路，提高整个社区的监控管理效率。

（3）分层管理：由于本项目占地面积大、住户多，为便于管理，实施分层管理。具体分为3个层次：

- 社区级：社区级重点在分配调度、总体监控和处理重大事故、监督、管理一、二期物业管区的高层管理。
- 管区级：以一、二期工程为界，分别由两个物业管理公司管理，从管理层次上，各管区的物业更多侧重于物业公司的后台工作。
- 区块级：对应每一个区块的前台物业管理。

结构化布线：采用结构化的布线使管网布线结构清晰、施工简洁、维护方便，并能保证各智能化系统的扩展性与灵活性。整个项目的管网布线是4层结构化设计：社区平面、区块平面、单元梯间、户内。

4.4.2 系统总体结构

系统总体结构如图4-24所示。

整个社区智能化系统根据应用的相应位置，从上到下设计规划为6级：社区总中心、管区中心、区块分中心、区块总平面、单元梯间、住户户内。各区块系统集成结构如图4-25所示。

（1）区块管理分中心

区块管理分中心实现本区块信息通讯网络的统一接入、处理、分配，是整个区块的信息网络交换、分配、管理中心。在电信业务部分设立的远端模块，通过光纤统一接入社区的电信交换管理中心，并通过大对数电缆连接到各楼群弱电箱中的电信交接设备。在有线电视部分设立区块信号转换分配中心，通过光纤连接到社区总前端，统一接入有线电视信号，经过光电转换放大处理后分配到各楼群设备箱中的分配放大设备。在宽带信息网络部分设立区块交换中心，主要设备为区块汇接层交换机，通过光纤与社区中心机房的核心层交换机联网，并通过光纤与各楼宇弱电箱中的接入层交换机联接，组成区块的宽带信息网络。

在区块管理分中心还实现本区块的智能化管理与监控，智能化建设分为管理层、控制层。在管理层主要是区块信息集成系统，实现区块的智能化子系统集成管理与区块的物业事务管理，控制层由各智能化子系统的集成管理主机组成。管理层的区块信息集成管理服务器通过区块管理中心的局域网，与各智能化子系统管理主机联网，并通过整个社区的宽带信息网络，与社区总中心的社区信息集成管理系统联网，实现信息共享。

（2）区块总平面

各区块总平面包括智能化系统综合网络及园区公共管理智能化子系统前端设备。

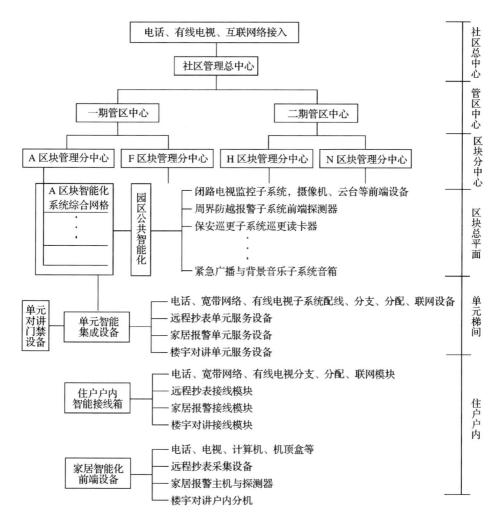

图 4-24 系统总体结构图

在智能化系统综合网络中采用结构化的方式进行管网布线集成，分为干线与支线两级，区块总平面中干线与支线交接处设置集成的楼群弱电箱。综合网络干线沿区块主干道铺设，并根据楼宇及公共管理前端设备的分布情况，铺设网络支线到每一个楼宇的单元门口。公共管理的前端设备包括：闭路监控子系统的摄像机、背景音乐紧急广播子系统的音箱、公共设备监控系统的 I/O 模块等，可以接入综合网络的支线，也可以就近接入综合网络的干线。

在周界防越子系统中，专门沿着区块的围墙，从网络干线中分出周界网络支线，周界防越子系统的前端报警探测器通过编码模块，以总线的方式与区块管理分中心周界防越主机通讯。

在楼群弱电箱中，集成了各智能化子系统前端的交换、控制、分配、接线设备，包括可视对讲的干线接入器、电话的交接模块、宽带网络的交换机、报警门禁巡更系统的支线扩展器等。

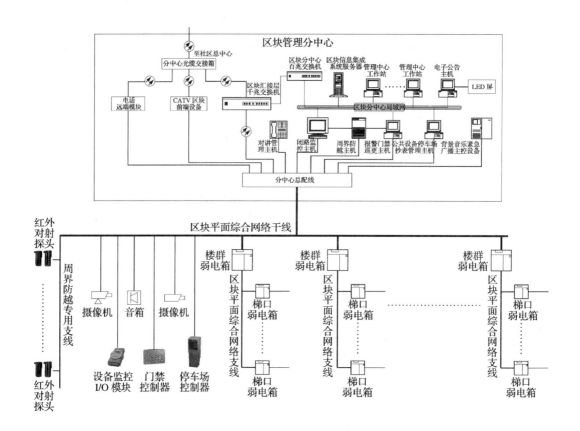

图 4-25 各区块的系统集成结构图

(3) 单元设计

单元梯间通讯布线采用结构化的方式进行集成,分为垂直部分的梯间干线与水平部分的入户线。在单元梯口设置梯口弱电箱,用于集成整个单元智能化接线、分配、控制设备,在梯间干线与入户线的交接部位设置楼层弱电箱,其作用与梯口弱电箱类似。

在梯口弱电箱中,集成了各智能化子系统的楼栋单元交换、控制、分配、接线设备,包括可视对讲的单元控制器、宽带网络的集线器、报警系统的单元服务器、抄表系统的单元服务器等。

在楼层弱电箱中,集成了各智能化子系统楼层各住户的分配、接线设备,包括可视对讲的层间分配器、有线电视的分支器、电话的接配线器等。

在住户户内采用家庭智能接线箱,集成了各智能化子系统的分配、交换、接线模块,包括电话接线模块、有线电视分配模块、宽带网络 HUB 模块、可视对讲接线模块、报警接线模块、三表抄送接线模块等。

区块中各单元的系统集成如图 4-26 所示。

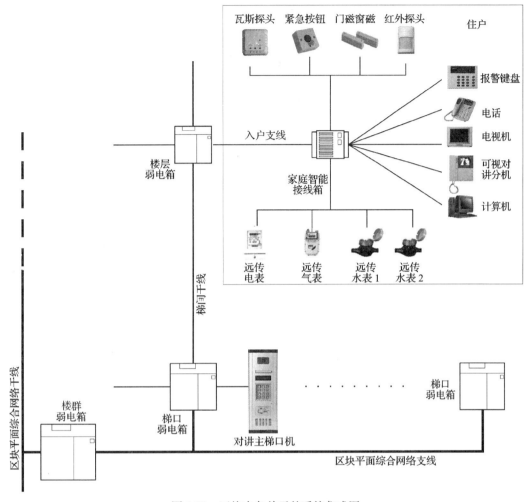

图 4-26 区块中各单元的系统集成图

4.4.3 信息集成管理系统

信息集成管理系统在功能上包括物业事务处理、智能化子系统管理集成、社区信息、教育、娱乐、WEB 服务管理等 3 个方面内容，基于信息通讯网络实现网络化的整个社区信息集成管理。如图 4-27 所示。

（1）管理层次

对应管理层次，系统分为两个子系统：信息集成管理社区子系统、信息集成管理区块子系统。

（2）系统集成

1）社区子系统

对于社区子系统，通过网络集成、数据集成、服务集成、通讯集成等技术手段，实现整个社区智能化建设最高一级的应用集成。

2）区块子系统

在区块分中心，通过界面集成、数据集成、通讯集成等技术手段，实现整个区块智能化建设的区块级监控管理集成。

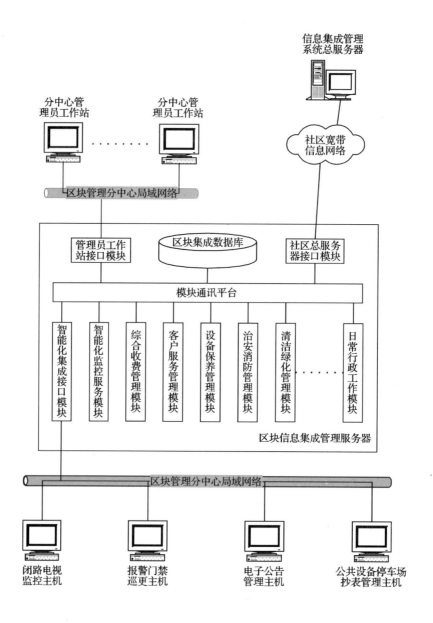

图 4-27 信息集成管理系统

在数据集成的基础上,通过网络集成、通讯集成、界面集成手段,根据不同的需求,向区块管理员提供各种集成服务本区块综合收费管理、智能化子系统运行状态监控、物业日常工作等服务。

同时,区块向社区子系统提供社区集成管理需要的各种数据,并且向各智能化子系统提供本区块基本房产资料、业主资料、一卡通管理等的数据共享服务。

(3) WEB 服务

为加强管理、便于维护、提高系统安全性、降低系统造价,由社区子系统负责建立一台WEB服务器，统一提供整个社区信息集成管理的WEB集成服务。

（4）系统体系结构

信息集成管理系统应基于WINDOWS NT/2000操作系统平台，以提供友好的图形化人机界面。在数据库层面选择成熟、性能可靠的数据库系统。

对于物业管理公司、社区住户、外部用户等，系统应采用B/S模式，用户处无需安装专用软件，界面友好、操作简单、维护量小。

对于物业管理员，系统应采用C/S模式，采用C/S结构的软件运行速度快，功能强大，安全、实时性好，可以实现各种复杂的系统功能，适合物业管理公司内部大量事务处理。

4.4.4 安全防范系统

（1）住区周界报警系统

住区周界报警系统如图4-28所示。

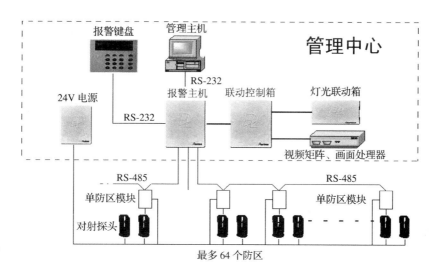

图4-28 住区周界报警系统

（2）可视对讲系统

可视对讲系统如图4-29所示。

（3）住户家庭报警系统

住户报警主机采用8防区，每户配置一个门磁，窗磁根据窗户数目及窗户形式设置，厨房设1个煤气泄漏探测器，带阳台室外设红外对射探测器，主卧及客厅各设1个紧急按钮，分别接入不同防区，管理中心可区分不同的报警类别，如求助、求医等。

住户家庭报警系统如图4-30所示。

（4）电视监控系统

社区管理总中心与管区中心，采用矩阵控制主机的子网控制功能，通过光纤对各区块的闭路监控系统进行集中控制。

电视监控子系统架构如图4-31所示。

4.4.5 智能化管理系统

（1）车辆出入管理子系统

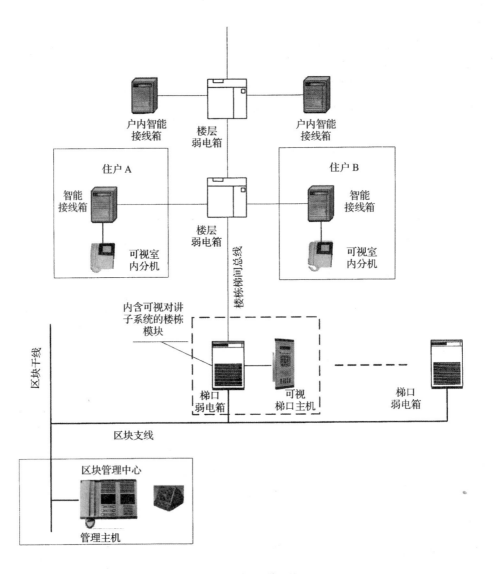

图 4-29 可视对讲系统

各个区块出入口数量都比较多,为降低成本,同时还能对各个区块进行有效的人车分流管理,在出入口处安装阻拦车辆装置。

(2) 自动抄表子系统

每户远传耗能表为:位于底层设备间的冷水表、暖气表、电表;户内的纯净水表及煤气表先暂不上远传表,但管线布到位,以利后期进行远传扩展。

1)脉冲抄表系统

整个远传收费系统由远传耗能表、数据采集器(DDU)、楼宇服务器(BDU)、通讯适配器、智能管理中心、管理计算机组成。

第一层节点是远传耗能表。采用对普通计算表加装霍尔传感元件或其他方法进行信号转换,将表盘所转圈数转换为开关量输出;

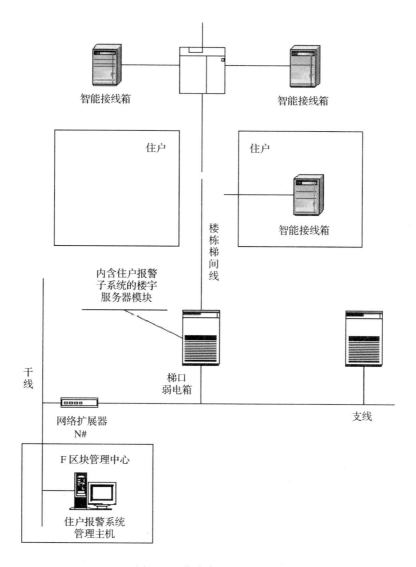

图 4-30　住户家庭报警系统

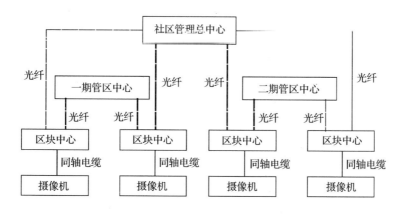

图 4-31　闭路电视监控子系统架构图

第二层节点是用户采集器，用于接收计量表读数并记忆存储，可以被服务器读取。本住区中每户设置一个用户采集器，以采集气表及纯净水表读数。电表、冷水表、热水表位于储藏间集中采集；

第三层节点是隔离器，位于层间接线箱内，对采集器进行故障隔离；

第四层节点是楼宇服务器。每幢楼设置一台楼宇服务器，完成对楼内所有采集器数据的汇总并传至管理中心，楼宇服务器内置直流备用电源，为用户采集器提供不间断电源；

第五层节点是管理中心计算机，各楼宇服务器采集的计量数据通过专用接口传送至计算机，由专用管理软件来处理。

2）直读式抄表系统

直读式计量表具及其数据远传系统，是以采用远程直接读取表具已产生的贸易交接数据为特征的抄表系统。直读式远传表具是在普通水表、电表、燃气表等表具内安装光电智能传感器，静态识别表具窗口中字轮的显示值，并将该显示值由串行通讯接口通过远传系统输出到管理中心，确保远程读取的数据与表具示值完全一致。而且表具及其远传系统平时不需要带电工作，只是在查表的瞬间由系统自动加电使其工作，因此大大的提高了表具及系统的可靠性和寿命。

3）直读表远传系统与脉冲远传系统性能比较

有关直读表远传系统与脉冲远传系统在精度、成本、可靠性、功耗、抗干扰以及运行维护等方面性能比较参见表4-2。

表 4-2

项目	直读表远传系统	脉冲表远传系统
远传数据准确性	数据准确，与表具示值完全一致	受多因素影响，累计误差较大
表具传感器成本	相当（每表较脉冲表高60~70元）	低
系统可靠性	极高	低
系统寿命	极长	短
工程施工	简便	难
系统成本	相当	高
系统调试	规范、简便	困难
运行维护工作量	极小	大
系统运行维护费用	较少	高
工作方式	抄表时上电，抄完断电	需要24h连续工作
平均运行功耗	几乎为零	较大
停电对数据的影响	无	取决于备用电池容量
备用电池	无	必须定期更换
抗干扰性能	短时间歇工作方式，不易受干扰	连续工作方式，易受干扰
线路损坏对数据影响	数据不丢失	数据丢失
工程质量责任分析	明确	责任不清晰

(3) 背景音乐及公共广播子系统

为了给住户主营造良好的生活气氛，在住区公共绿地、主干道、会所等处放置音箱，建立背景音乐系统。住区的广播系统采用国际知名的广播音响系统，其功能集背景音乐与消防广播于一体。

广播系统可选择两种音源：数字调频调谐器、CD 唱机，它们可对住区的公共区播放丰富的节目音源。

系统最多可分十个分区，可对不同的区域进行不同音量控制。

系统具有消防紧急广播的功能，当发生火灾报警时，可通过广播系统对发生火灾进行语音广播。

(4) 照明系统

路灯回路——监测住区的路灯开关状态和手/自动状态、环境照明开关状态和手/自动状态；

环境照明回路——根据设定时间表监控住区各回路开启或关闭；电子公告屏子系统电子公告，每天可以向居民发布天气预报、报刊新闻、社区公告等，住区在每个区块的会所大厅设计一个电子公告屏，共 12 块屏。

本住区采用单色、$\phi 3.75$ 高亮度的点阵块，每个屏的面积为 $2m^2$ 左右。为了方便控制，采用集中控制的方式，如要发信息或更改信息时，只要在社区信息集成管理系统修改即可完成。

(5) 宽带和电话布线系统

宽带和电话布线工程总体目标是支持住区电话、数据、图文、图像等多媒体业务的需要。

住区宽带和电话布线的设计包括 4 个部分：住户户内子系统、单元梯间子系统、区块楼群子系统、社区区块子系统，各个部分之间采用星型拓扑结构连接。

1) 住户户内子系统

家居智能接线箱至住户信息插座部分，含住户单元弱电接线箱、住户单元内布线、住户信息插座；

以住宅单元为单位，设置家居智能接线箱，每户引入 1 根超五类线（数据）及 2 对语音线。

2) 单元梯间子系统

梯口弱电箱至家居智能接线箱部分，含楼口弱电箱、楼层弱电箱，梯口箱之间连接干线、住户接入线缆。

每栋楼设置一个用于光纤、大对数电话铜缆接入梯口弱电箱，与其他梯口箱之间数据用大对数五类线连接，语音用大对数电话铜缆连接。

3) 区块楼群子系统

区块楼群子系统指区块智能化管理中心至梯口弱电箱部分，含区块智能化管理中心配线管理系统、楼群交接间和区块主干布线系统。

中心配线管理系统设置在住区智能化系统管理中心机房内，配线设备采用标准机柜。

住区内主干布线分为两部分：管理中心到楼群交接间，楼群交接间到梯口弱电箱，数据采用多模光纤到楼，语音采用大对数电话铜缆。

4）社区区块子系统

社区区块子系统指社区智能化管理中心至区块智能化管理中心部分,含社区接入系统、社区智能化管理中心配线管理系统、社区主干布线系统。

社区接入系统包括宽带、电话接入。

社区主干布线系统：社区智能化管理中心至区块智能化管理中心数据采用单模光纤到楼,语音采用大对数电话铜缆。

(6) 有线电视系统

住区内有线电视系统根据需要设置所需频道,可播出 VCD、DVD 等自办节目,节目播出间设在管理中心演播室,自办节目经过邻频解调制后再与城市有线电视节目混合后,经分支分配后进入用户终端。

住区有线电视系统与当地有线电视网联结,采用光纤到区块的方式,一个光节点接 500 个左右输出端,输出端电平为 $68 \pm 4dB$。在每户户内智能接线箱安装一个分配器,卧室、起居室各安装一个信号输出端。信号到住宅楼后都经放大器放大。一个放大器接 50~80 个输出端,串接无源设备不超过 6 个。

(7) 机房系统

1）机房装修风格为明亮、清新。装修材料选用主要考虑抗静电、防火、吸音、防尘方面特性。

2）机房供配电系统

双电源自动切换配电柜：机房统一设置一双电源自动切换配电柜,向中控室各系统供电,双电源自动切换配电柜由住区低压屏和柴油发电机配电屏专用回路提供双电源供电,在负荷末端（机房）进行双电源自动切换。

UPS 不间断电源：在机房设置一台大容量 UPS 不间断电源,统一为安全防范系统、信息通信系统、物业管理系统设备提供不间断电源,UPS 电源容量满足以上各系统设备的要求,在电源失电时可提供 4h 以上的供电时间。

3）电源防雷

在机房双电源柜主开关前,要求设有二级电源防雷保护,（一级防雷保护由住区变配电所低压进线柜设置）,可阻挡通过一级电源防雷保护削弱后的雷电侵入。

4）弱电接地系统

弱电接地与防雷接地、配电系统的工作接地、保护接地采用共用接地装置,共用接地装置利用建筑自然接地体。要求共用接地装置接地电阻小于 1Ω。

住区每栋楼设有弱电接地系统总等电位母排,总等电位母排采用 1 根 BV-35mm^2 接地干线与建筑自然接地体可靠联接。

机房接地包括安全保护接地、防静电接地,采用 BV-35mm^2 引下线与接地系统可靠连接,机房内设有保护接地铜母排。机房内采用局部等电位措施。

机房内机柜金属外壳采用 BV-16mm^2 导线与保护接地铜母排连接,机房抗静电地板接地和等电位接地铜网等采用 BV-6mm^2 导线与保护接地铜母排连接。

弱电间内设备包括楼群交接间、梯口弱电箱、楼层弱电箱金属外壳采用 BV-16mm^2 导线与接地端子排连接。

所有金属管槽均需接地,线缆铠装层或屏蔽层均需接地。

4.5 深圳：梅林三村住宅智能化建设

该智能化工程包括两栋 29 层的住宅楼 320 套住宅，已被建设部定为全国智能住宅控制系统试点工程。

其特点是采用 LonWorks 分布式控制网络，实现住宅安全和物业管理的智能化，具有系统升级和扩充方便的优点。

安全智能化包括门口防劫持、室内防盗、紧急求助、煤气泄漏探测等。

物业管理智能化主要包括水表、电表、煤气表的远程自动抄表、保安巡更、停车场管理等。

在住宅智能化系统中应用 LonWorks 技术，可以很容易地实现智能化住宅的所有功能，整个网络结构相对简单，网络布线相当容易。对于用户各种不同的功能要求，只需选用不同的控制节点，编写相应的程序，直接连接到住区的控制网络上就完成了，在物理上不必对网络结构作任何修改。而且 LonWorks 网络可扩充性极好，扩充子系统，增加功能，连接两个住区控制网等都很简便。LonWorks 技术提供的高效开发平台让我们在进行系统设计和开发时对网络通讯不再需要花费时间，可以把精力集中到具体的系统功能实现上。

LonWorks 网络是无主站的点对点网络，其任一点的故障不会造成系统瘫痪。一个住户节点的损坏或关闭不影响其他住户节点正常运行，降低了维护难度，提高了系统的稳定性，网络响应得到保障。Neuron 芯片内置的 I/O 对象、LonTalk 协议，并使用高级语言编程，大大缩短了开发周期，提高了开发质量，使用户能在短时间内开发出稳定可靠的系统。LonWorks 网络节点之间使用逻辑连接，这使得系统中节点的增加或修改很容易，便于系统调整和扩充升级。

4.5.1 智能化系统概述及网络结构

梅林三村智能化系统采用 LonWork 分布式控制网络技术，对所有住户实现住宅防盗监控（包括室内红外移动探测，非法闯入监控，门口防劫持密码）、煤气泄漏监控、紧急求助报警以及对控制箱的拆卸、断电报警，并对每户的水表、电表、煤气表实现远程抄表计量。每户使用一个 LonWorks 节点实现所有安防功能，每 2 户使用一个单独的 LonWorks 节点实现远程抄表，所有节点均就近连接到相应的子网上，共有 12 个子网。网上连接有一台监控计算机。所有监测到的报警信号均经过 LonWorks 节点的计算和转换，通过 LonWorks 网络送到监控计算机，进行多媒体声光报警和信息提示。各抄表节点随时采集每户的水、电、气三表读数，并保存下来（可断电保存），监控计算机可随时读取。

该系统全部子网采用自由拓扑网络结构，使用 FTT—10 收发器，利用双绞线作为传输媒体。每个子网都经过一个路由器连接到主干网上，中心监控和抄表计算机也直接连接在主干网上。每个子网从各自的路由器（安装在第 3 层楼）开始，垂直连接同一栋楼内每层同一户型的所有节点，由于每栋有 6 种户型，所以每栋楼设计有 6 个子网，两栋共 12 个子网。而分布在每层的两个抄表节点均分散安装在每栋的 6 个子网中，使得每个子网的网络负载尽量平衡。

主干网使用 TP/XF—1250 收发器，使用双绞线作为传输媒体，将所有路由器和一个时钟节点与中心监控计算机、抄表计算机连接，形成高速总线型主干网。由于所有路由器分别集中安装在两栋楼的第 3 层，缩短了主干网线长度，以达到较好的网络性能。

4.5.2 智能化系统设计

系统设计分成3个部分：住户室内安全防卫系统，住区远程抄表系统，住区管理监控中心。住户室内安全防卫系统主要包括室内防盗、紧急求助、煤气泄漏探测和关断三大功能。在室内安防系统中使用的各种探测器均为简单的开关量输入/输出接口，因而选用了具有8通道I/O的LonWorks节点产品。每通道连接同一种探测器。节点程序随时监测各I/O口的状态变化，一旦某I/O通道状态发生变化，经程序判断此时探测器处于报警状态，便将相应的报警信号以网络变量的形式发送到网络上，住区监控中心收到该数据后进行相应的报警输出。每个节点可连接6个不同探测器、1个警号和1个交流断电检测信号。每户使用1个LonWorks节点进行安防报警监控。

在住户的各窗户旁边安装一个红外探测器，在住户门边安装一个门磁，实现住户室内的窗警和门警等非法闯入监视，一旦有报警发生，系统启动室内警号发声，并报警到监控中心；在住户室内有一个密码键盘，住户可通过此键盘进行室内监控的布防和撤防，以及通过此键盘输入劫持密码模拟对系统撤防，但实际向监控中心进行劫持报警；在住户门锁的锁孔加装专用电子开关，在出门反锁时，监控系统能自动设防，在住户开门时，系统能自动撤防；在卧室和客厅各安装一个紧急按钮，住户在家中有紧急情况时能很容易、简单地报警求助；在厨房和浴室内各安装一个煤气探测和自动关断器，一旦有煤气泄漏，探测器将发声报警，并报警到监控中心，同时启动关断器切断煤气源。

以上各种监测和控制设备都通过埋管走线的方式连接到每户的终端控制箱内，该控制箱包含有LonWorks节点、稳压电源、备用电池、继电器以及交流断电报警电路、电池充电电路等，一旦因各种原因导致控制箱断电，将立即启动备用电池工作，保证监控系统运行并向监控中心报警。备用电池能连续工作10h左右。

住区远程抄表系统相对独立，可以自成一个单独抄表网络。基于如前所述LonWorks的技术优点，本系统中将抄表网络和住户安防网络合并成同一个网络，抄表节点被就近连接到不同的监控子网上。

住区管理监控中心使用两台PC机，分别用于报警监控和远程抄表。两台机器内置LonWorks网卡，连入LonWorks监控主干网络。住区内的全部报警信号都通过LonWorks网络送达监控计算机中，在该计算机屏幕上即时显示住户资料（姓名，地址，电话，报警级别，报警类别，报警节点地址，报警时间及住户平面图等），并可记录住区全部住户的历史报警信号，同时接收多点报警。远程抄表计算机可随时查询任一住户水、电、煤气表读数，对用户每月消耗的水、电、煤气用量进行汇总和费用全额统计，用户用量超过预设最大值时发报警信号。

住区管理监控中心还包括一个时钟节点，为整个LonWorks网络提供统一的标准实时时钟，为住户节点提供统一报警时钟，为抄表节点实现复费率计费提供时间依据。由于整个住区智能系统的实现基于LonWorks网络，使得系统的开发、安装、调试工作量大大降低，同时又具有相当的灵活性，对不同用户要求能很容易地修改实现。

由于LonWorks技术的开放性，产品选择的多样化，网络规模大小灵活，因此，可以选择各种网络设备，包括国产的节点，路由器等产品，这样就能以最合理的价格，组建符合要求的LonWorks网络，有效控制成本。无论是系统升级，或是新系统设计，都可以形成不同档次的实用系统，根据客户的需求提出最贴切的实施方案，满足各层次用户的要求,并能方便地对用户节点进行修改和升级。同样,在抄表系统中,扩大抄表系统的规模也是很简单的事情。

基于 LonWorks 良好的扩充性、易维护性,可以方便地在现有基础上增加新的功能,实现住户家电控制、家居环境控制以及住区周边环境控制,如系统供电设备、公共照明、蓄水及消防水箱、背景音乐、电梯、草地喷淋集中监测控制以及停车场控制等,对于客户的各种档次要求都能在原有网络中实现。因而,利用 LonWorks 技术进行住宅智能化建设完全符合中国国情,这种建设模式,是在特定的条件下实施特定范围的智能化建设,并为以后的发展奠定良好的基础。因此 LonWorks 技术在住宅智能化建设中应用前景是非常广阔的。

4.6 采用电力线作传输载体的住区智能化系统

4.6.1 新世纪花园智能化系统建设概述

新世纪花园占地 $7.3hm^2$,总建筑面积 9 万 m^2,共建 20 栋住宅楼、1 栋物业管理中心办公楼。

新世纪花园的建设在注重整体布局、环境建设、园林绿化和人文景观的同时,更要求在智能化方面有所突破和创新。该住区的智能化系统定位较高,目标是建设成为智能化住宅示范项目。

低压电力线信息传输是目前国内外智能建筑的前沿技术,具有四网合一、减少布线的优点,适合新世纪花园的建设要求。在新世纪花园智能化系统设计中,根据智能化住区电力线信息传输的特点,运用改进的 OFDM 技术,结合电力线非均匀传输电路模型,应用了住区电力线信息传输组网技术,将电力线信息传输技术付诸于实践,得到了用户认可。实践证明,低压电力线信息传输技术不但可用于计算机前端网络,也可逐步推广到整个智能化住区网络,并在基于电力线组网方案的基础上,推出智能住区管理信息系统、安全防范系统的方案。

基于低压电力线信息传输技术的住宅单元智能化系统设计如图 4-32 所示。

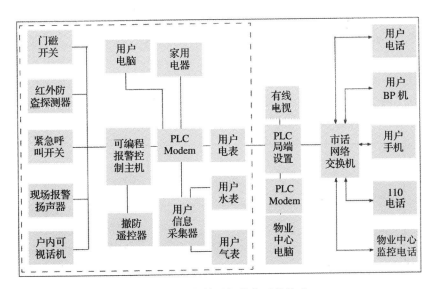

图 4-32 住宅单元智能化系统构成

4.6.2 住区信息系统

住区内的宽带局域网是以光纤网络为主干网，住宅单元到住区主干网的信息传输采用低压电力线作为媒介，电力线与光纤主干网的连接采用网络交换机和 PLC 局端设备，在住区信息服务中心设置多台 Web 服务器、数据库服务器构成基于住区局域网的 Intranet 综合信息交互平台。住区对外作为一个 Internet 网站，可发布住区的概况、物业管理、楼盘情况等相关信息；对内则提供与 Internet 有关的任何服务。

该住区信息系统建设采用 Intranet 技术。Intranet 的网络平台主要由住区网络中心的服务器、管理工作站、中心交换机、宽带光纤网络设备、网络配线设备、路由器、PLC 局端设备、PLC Modem 等构成完整的网络环境，如图 4-33 所示。

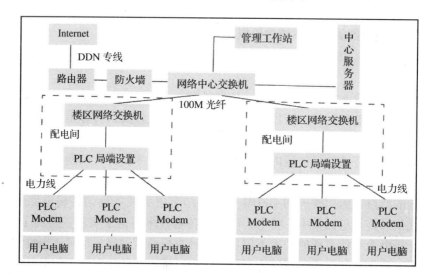

图 4-33　住区信息平台构成

从住区局域网络平台的结构来看，整个住区构成了一个高速的以太网，数据传输采用分组交换方式，可实现家庭用户的数据信息在网络得到的最快速的处理，而不会由于网络的性能及带宽的不足影响网络的传输。单元楼到户的信道为 10M 共享，可保证住户享有 300k 的下行速率。

低压电力线作为信息传输工具，可以发送和接收控制、监视和通讯信息，也可通过特殊的数字设备（网关）实现视频业务扩展和电话扩展。图 4-34 就是新世纪花园小区通过电源线组成的家庭网络图。

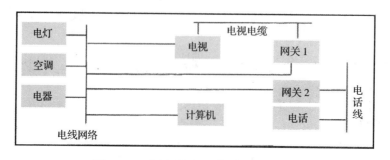

图 4-34　通过电源线组成的家庭网络图

家电通过各种数字设备连接在低压电力线上,可以互相通信。计算机在这里是家庭网络服务器,它发送、接收信息,能够监视、控制电器的运行情况。通过网关可以点播数字电视,也可以按照某个预定时间录制电视。当住户不在家时,想打开、关闭某个电器或者其他操作,可以通过打电话经过网关发送命令。通过这个网络,家庭生活更加方便、智能化,提高了生活质量。

室外接入系统由位于电表附近的室外接入室内(完成室内和室外 PLC 通信系统的频率转换,以及室内网络的控制)。室内单元和室外单元使用不同的频率。具体实现方法是:由 ISP 运营商提供因特网出口,通过室外主机经原有的电信基础设施将电力线和 IP 网连接起来,将室外主机调制的声音、数据和其他电信服务信号通过低压配电网传到室内电源插座上。室外电表附近的连接设备将数据流送到室内电缆上。室内适配器(PLC 专用)在电源插头处将数据和电流分离,并将数据送到应用终端。如图 4-35 所示。

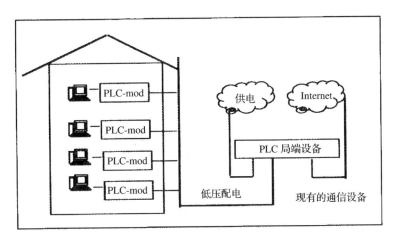

图 4-35　PLC 的接入方式

PLC 电力线宽带接入方式无需重新布线,分布广泛,接入方便,多用户共享带宽,接入成本低,建设费用低。它采用两级结构,即电力线接入部分采用一点对多点结构,与局端连接采用点对点结构。这种方式的缺点是目前尚未达到实用化阶段,没有技术标准,受停电影响,接入性能受电网特性影响。共享通信介质,限制了为每个用户提供带宽的大小。

附录1 居住小区智能化系统建设要点与技术导则（2003年修订稿）

一、总　则

1. 总体目标与建设原则

为适应21世纪信息社会的生活方式，提高住宅功能质量，居住小区（以下简称小区）智能化系统总体目标是：通过采用现代信息传输技术、网络技术和信息集成技术，进行精密设计、优化集成、精心建设，提高住宅高新技术的含量和居住环境水平，以满足居民现代居住生活的需求。

智能化系统的建设原则如下：

(1) 符合国家信息化建设的方针、政策和地方政府总体规划建设的要求；
(2) 智能化系统的等级标准应与项目开发定位相适应；
(3) 小区的规划、设计、建设必须遵循国家和地方的有关标准、规范和规定；
(4) 智能化系统的规划、设计、建设应与土建工程的规划、设计、建设同步进行；
(5) 小区必须实行严格的质量监控，并达到国家规定的验收标准；
(6) 小区建设应推进信息资源共享，促进我国住宅信息设备和软件产业的发展。

2. 小区分类

为使不同类型、不同居住对象、不同建设标准的小区合理配置智能化系统，小区按不同的功能设定、技术含量、经济投入等因素综合考虑，划分为：一星级（符号★，下同）、二星级（符号★★，下同）、三星级（符号★★★，下同）3种类型。

3. 小区建设要求

小区建设应符合"文明居住环境"的要求，采用先进、适用的智能化成套集成技术，提高居住区的安全性、适用性和物业管理水平。在建设主管部门的指导下，通过小区建设，鼓励住宅信息集成企业、产品与设备开发企业积极参与住宅产业现代化工作，发展新兴的住宅信息产业。

(1) 建立和完善住宅智能化工程质量保障体系。
1) 住宅智能化技术、产品、设备和通过优化集成后的成套设备的质量审验；
2) 小区工业化、装配化作业的质量监控制度；
3) 小区质量综合评价制度。
(2) 实行住宅智能化系统与小区同步建设。
1) 住宅智能化系统与居住小区实行统一规划、设计、施工；
2) 小区应采用技术先进、性能可靠、经济合理的材料、设备和产品；
3) 小区应逐步实现工业化、装配化施工，减少现场加工。

（3）小区智能化布线应符合开放性、兼容性、扩展性等要求，达到布线简化、安装方便、技术可靠、经济合理的目标。实现不同等级的高水平、高质量、高效益的居住小区智能化系统。

（4）小区应积极推广应用国家和有关部门正式推荐的住宅智能化新技术、新材料、新设备、新产品。

（5）小区在实施前应对未来物业管理进行全面策划，在工程实施的适当时机超前介入，做好工程竣工后物业管理的一切准备工作。工程交付使用前必须确保物业管理系统安全、准确、可靠地运转。

4．小区规划设计要求

小区规划应作到因地制宜、布局合理、配套齐全、环境优美。住宅设计作到空间尺度适宜、套型功能完善、采光通风良好、建筑造型美观。

5．住宅性能认定要求

居住小区竣工交付使用前应参照建设部《商品住宅性能认定管理办法》（试行）（建住房［1999］114号）申请性能认定。

二、系统的分类

居住小区智能化系统（以下简称系统）按其硬件配置功能要求、技术含量、经济合理等划分为一星级、二星级、三星级。

1．一星级

根据小区实际情况，建设"居住小区智能化系统配置与技术要求"标准中所列举的基本配置。具体如下：

（1）安全防范子系统

1）住宅报警装置

2）访客对讲装置

3）周边防越报警装置

4）闭路电视监控装置

5）电子巡更装置

（2）管理与设备监控子系统

1）自动抄表装置

2）车辆出入与停车管理装置

3）紧急广播与背景音乐

4）物业管理计算机系统

5）设备监控装置

（3）信息网络子系统

为实现上述功能科学合理布线，每户不少于两对电话线、两个电视插座和一个高速数据插座。

2．二星级

二星级除具备一星级的全部功能之外，要求在安全防范子系统、管理与设备监控子系统和信息网络子系统的建设方面，其功能及技术水平应有较大提升。并根据小区实际情况,科学合理地选用"居住小区智能系统技术分类"标准中所列举的可选配置。

3. 三星级

三星级应具备二星级的全部功能,系统先进、实用和可靠。并具有可扩充性和可维护性。特别要正视智能化系统中管网、设备间(箱)、设备与电子产品安装以及防雷与接地等设计与施工。并在采用先进技术与为物业管理和住户提供服务方面有突出技术优势。

三、系统技术要求

1. 系统结构

居住小区智能化是以信息传输通道(可采用宽带接入网、现场总线、有线电视网与电话线等)为物理平台;连结各个智能化子系统,通过物业管理中心向住户提供多种功能的服务。居住小区可以采用多种网络拓扑结构(如树型结构、星型结构或混合结构),图1为居住小区智能化系统总体框图。

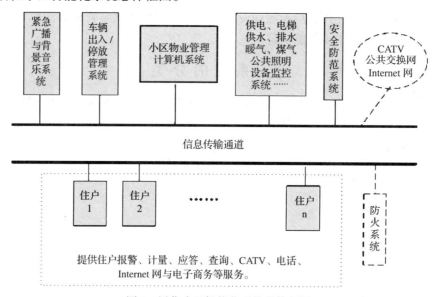

图 1　居住小区智能化系统总体框图

2. 系统功能

居住小区智能化系统由安全防范子系统、管理与监控子系统和信息网络子系统组成,系统功能框图如图 2 所示。

3. 系统硬件

(1) 系统硬件包括网络产品、布线系统、计算机、家庭智能控制箱、公共设备、计量仪表和电子器材等,应优先选择先进、适用、成熟的产品和技术。避免短期内因技术陈旧造成整个系统性能不高而过早淘汰。同时应避免采用技术上不成熟的硬件产品。

(2) 硬件产品应具有兼容性,便于系统产品更新与维护。

(3) 硬件产品应具有可扩充性,便于系统升级与扩展。

4. 系统软件

系统软件的功能好坏直接关系到整个系统的水平。系统软件包括:计算机及网络操作系统、应用软件及实时监控软件等。

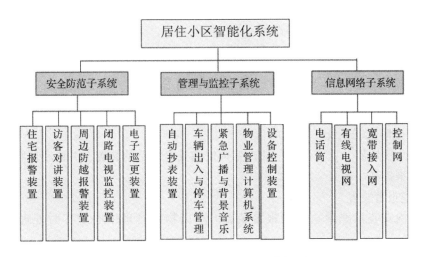

图2 居住小区智能化系统功能框图

(1) 系统软件应具有很高的可靠性和安全性。

(2) 系统软件应操作方便，采用中文图形界面，采用多媒体技术，使系统具有处理声音及图像的能力。用机环境要适应不同层次住户及物业公司人员的素质。

(3) 系统软件应支持硬件产品的更新。

(4) 系统软件应具有可扩充性。

5. 系统集成

(1) 根据对小区智能化系统不同需求，可采用不同的集成技术。应在小区智能化系统建设规划阶段制定所采用的系统集成方案。

(2) 提倡采用宽带接入网、控制网、有线电视网、电话网等的融合技术，减化小区内信息传输通道的布线系统，提高系统性能价格比。

(3) 在规划阶段应将各子系统及子系统内功能模块的各种信息交接接口标准化，便于系统集成的实施。

(4) 住宅内可采用集各种功能为一体的控制技术。逐步发展采用无线传输技术。

(5) 提倡小区"一卡通"系统，智能化系统与社会其他职能部门联网使用。

(6) 中心控制室，布线管网，接地与防雷，系统供电的要求：

1) 中心控制室

小区应设立中心控制室，位置首选小区的中间位置，当小区规模较大时，应设立一个或多个分中心。中心控制室应设有可直接外开的安全出口，其他还应满足 GB 50198—1994 民用闭路监视电视系统工程技术规范中关于机房的规定。

2) 布线管网

智能化小区应将智能化系统布线管网纳入居住小区综合管路的设计中，并符合小区总平面规划的要求和房屋结构对预埋管路的要求。

3) 防雷与接地

应根据不同的地区和子系统，提出符合规定的接地与防雷技术要求，确定电气接地与防雷的类型的位置，接地排的引入方案。

4）系统供电

小区智能化系统宜采用中心控制室集中供电方式，对于家庭报警及自动抄表系统必须保证市电停电的 24h 内正常工作。

四、系统实施细则

1．一星级

（1）安全防范子系统

通过在小区周界、重点部位与住户室内安装安全防范的装置，并由小区物业管理中心统一管理，来提高小区安全防范水平。

1）住宅报警装置

住户室内安装家庭紧急求助报警装置。小区物业管理中心应实时处理与记录报警事件。

2）访客对讲装置

在住宅楼道入口处安装防盗门控及语言对讲装置，住户可控制开启楼寓防盗门。

3）周界防越报警装置

对封闭式管理的小区周界设置越界探测装置，并与小区物业管理中心联网使用，能及时发现非法越界者并能实时显示报警路段和报警时间，自动记录与保存报警信息。

4）闭路电视监控

根据小区安全防范管理的需要，对小区的主要出入口及公建重要部位安装摄像机进行监控。小区物业管理中心可自动/手动切换系统图像，可对摄像机云台及镜头进行控制；可对所监控的重要部位进行长时间录像。

5）电子巡更装置

小区内安装电子巡更系统，保安巡更人员按设定路线进行值班巡查并予以记录。

（2）巡更站点与小区物业管理中心联网，计算机可实时读取巡更所登录的信息，从而实现对保安巡更人员的有效监督管理。

（3）管理与监控子系统

1）自动抄表装置

住宅内安装水、电、气、热等具有信号输出的表具，并将表具计量数据远传至小区物业管理中心，实现自动抄表。应以计量部门确认的表具显示数据作为计量根据，定期对远传采集数据进行校正，达到精确计量。上述表具也可采用 IC 卡表具。

2）车辆出入与停车管理装置

小区内车辆出入口通过 IC 卡或其他形式进行管理或计费，实现车辆出入及存放时间记录、查询、区内车辆存放管理等。

3）紧急广播与背景音乐

在小区内安装有线广播装置，在特定分区内可播业务广播、会议广播或通知等。在发生紧急事件时可作为紧急广播强制切入使用。

4）物业管理计算机系统

小区物业管理中心配备有计算机或计算机局域网，配置实用可靠的物业管理软件。实现小区物业管理计算机化。并要求安全防范子系统、水、电、气、热等表自动抄表装置、设备监控装置等在小区物业管理中心集中管理，便于及时对报警信号做出响应及处理。

5）设备监控装置

在小区物业管理中心或分控制中心内应具备下列功能：

A. 给水排水设备故障报警；

B. 蓄水池（含消防水池）、污水池的超高低水位报警；

C. 电梯故障报警、电梯内人员求救信号指示或语音对讲；

D. 变配电间设备的故障报警；

E. 饮用水池过滤、杀菌设备的故障报警。

（4）信息网络子系统

本子系统是由小区宽带接入网、控制网、有线电视网和电话网等所组成，提倡采用多网融合技术。

1）小区宽带接入网、控制网、有线电视网和电话网等各自成系统，采用多种布线方式，但要求科学合理、经济适用。

2）小区宽带接入网的网络类型可采用以下所列类型之一或其组合：FTTx（x 可为 B、F，即光纤到楼栋、光纤到楼层），HFC（光纤同轴网）和 xDSL（x 可为 A、V 等，即高速数字用户环路）或其他类型的数据网络。

3）小区宽带接入网应提供管理系统，支持用户开户、用户销户、用户暂停、用户流量时间统计、用户访问记录、用户流量控制等管理功能，使用户生活在一个安全方便的信息平台之上。

4）小区宽带接入网应提供安全的网络保障。

5）小区宽带接入网应提供本地计费或远端拨号用户认证（RADIUS）的计费功能。每户不少于两对电话线、两个电视插座和一个高速数据接口。

2. 二星级

（1）安全防范子系统

二星级应具备一星级的全部功能，安全防范子系统和信息管理子系统的系统建设，其功能及技术水平上应有较大提升。

1）住宅报警装置

户门安装防盗报警装置，依据实际需要阳台外窗安装防范报警装置；住户室内安装燃气泄露自动报警装置。

2）访客对讲装置

访客对讲装置可采用联网型可视对讲装置，小区主要出入口安装访客对讲装置。

3）周界防越报警装置

小区物业管理中心采用电子地图指示报警区域，并配置声、光提示。小区周界采用闭路电视实时监控，或小区周界防越报警装置与闭路电视监视装置联动。留有对外报警接口。

4）闭路电视监控

根据小区实际情况对居住小区主要通道、停车场、电梯轿厢（多层或高层住宅）等部位适当地设置摄像机，达到有效的监视目的。

5）电子巡更装置

巡更站点与小区物业管理中心联网，计算机可实时读取巡更所登录的信息，从而实现对保安巡更人员的有效监督管理。

（2）管理与监控子系统

1）自动抄表装置

上述表具数据可远传到供水、电、气、热相应的职能部门。住户可通过小区内部宽带网、Internet 网等查看表具数据或网上支付费用。

2）车辆出入与停车管理装置

停车出入口车辆管理装置与小区物业管理中心计算机联网使用。

3）紧急广播与背景音乐

小区内安装有线广播装置，播放背景音乐。

4）物业管理计算机系统

小区建立 Internet 网站，住户可在网上查询物业管理信息。小区内安全防范子系统，水、电、气、热等表具的自动抄表装置、车辆出入与停车管理装置、设备监控装置等与小区物业管理的计算机系统联网。小区内采用"一卡通"技术。

5）设备监控装置

在小区物业管理中心或分控制中心内应具备下列功能：

A. 变配电设备状态显示、故障警报；

B. 电梯运行状态显示、查询、故障警报；

C. 场景的设定及照明的调整；

D. 饮用蓄水池过滤、杀菌设备监测；

E. 对园林绿化浇灌实行控制；

F. 对所有监控设备的等待运行维护进行集中管理；

G. 对小区集中供冷和供热设备的运行与故障状态进行监测理；

H. 公共设施监控信息与相关部门或专业维修部门联网。

（3）信息网络子系统

控制网中有关信息，通过小区宽带接入网传输到居住小区物业管理中心计算机系统中，用于统一管理。

3. 三星级

三星级应具备二星级的全部功能，采用技术先进，便于系统集成，易操作及维护，可扩充性好。智能化系统中管网、设备间（箱）与电子产品安装以及防雷与接地等设计与施工方面严格按国家标准或国际标准进行管网、设计与施工。目前暂无标准可循的，可按厂家自行制定标准。并在以下方面之一有突出的技术优势：

（1）智能化系统应用先进技术应用方面：如采用多网融合技术，智能家庭控制器、IP 协议智能终端等。

（2）智能化系统为物业管理和住户提供服务方面：建立小区 Internet 网站和小区数据中心，提供物业管理、电子商务、VOD、网上信息查询与服务、远程医疗与远程教育等增值服务项目。

附录2 《住宅工程质量技术导则》之第十一章 智能化工程

第十一章 智能化工程

11.1 基本规定

设计要点

11.1.0.1 住宅智能化工程的规划、设计、建设应与土建工程的规划、设计、建设同步进行，其功能设置应与住宅的定位和住宅的性能标准相适应。

11.1.0.2 住宅智能化工程设计应符合《智能建筑设计标准》（GB/T 50314）的有关规定，并符合《居住小区智能化系统配置与技术要求》（CJ/T 174）有关要求。

11.1.0.3 住宅智能化系统监控接警中心应设置为禁区，应具备保证自身安全的防护措施和进行内外联络的通讯手段，在突发事件发生时应能紧急报警。其环境应符合《智能建筑工程质量验收规范》（GB 50339）中第12节的有关规定。

材料要求

11.1.0.4 智能化工程使用的材料、设备，必须具有出厂合格证及质量证明书，其质量应符合国家技术标准。

11.1.0.5 实施生产许可证和安全认证制度的产品，必须具有生产许可证和安全认证标志。

11.1.0.6 智能化工程使用的新材料、新产品尚应提供主管部门规定的相关证明文件。

11.1.0.7 智能化工程使用的进口产品应提供原产地证明和商检证明，配套提供的质量合格证明、检测报告及安装、使用、维护说明书等文件资料应为中文文本（或附中文译本）。

11.1.0.8 必须按照合同技术文件和工程设计文件的要求，对设备、材料和软件进行进场验收，并按《智能建筑工程质量验收规范》（GB 50339）附录B中表B.0.1的要求填写设备材料进场检验表，经监理工程师或建设单位签字确认。未经进场验收的设备及材料不许在工程中使用。

11.1.0.9 设备、材料的品牌、型号、规格应符合设计文件的规定。若有变更，应办理变更手续并填写变更审核表。

11.1.0.10 施工现场应设有符合产品存放环境要求的库房，到场的材料和设备要分门别类、整齐存放；进场验收合格和进场验收不合格及未经进场验收的产品要分开存放，并有明显的标志。

施工要点

11.1.0.11 智能化工程施工前，应具备下列条件：

1. 设计和其他技术文件齐全,并已通过施工图审查。
2. 设计已进行技术交底。
3. 具有已批准的施工组织设计或施工方案。
4. 按要求具有开工报告。
5. 施工力量、工具、材料能保证正常施工。
6. 具有施工用电等临时设施。
7. 具有现场质量管理检验制度、安全生产管理制度。

11.1.0.12 智能化工程应按照设计文件及施工图进行施工,不得擅自修改设计。工程中出现的设计变更,应按《智能建筑工程质量验收规范》(GB 50339)附录中表 B.0.3 的要求填写更改审核表。

11.1.0.13 施工中应和建筑、管线预埋及其他有关专业、工种密切配合,及时做好与建筑结构、建筑电气、建筑装饰、电梯等相关部分工程的工序交接和接口确认。

11.1.0.14 文明施工。施工中不许损坏其他专业、工种已完成的工程,不许污染墙面、地面,做到人走地净。

11.1.0.15 住宅智能化工程使用的各类计量器具应在检定有效期内。

质量要求

11.1.0.16 住宅智能化工程质量验收应按《智能建筑工程质量验收规范》(GB 50339)的规定执行,同时还应执行国家公共安全行业及其他相关行业的有关规定。

11.1.0.17 住宅智能化工程的现场质量管理应符合《智能建筑工程质量验收规范》(GB 50339)附录 A 中表 A.0.1 的要求并经总监理工程师(或建设单位项目负责人)签字确认。

11.1.0.18 竣工验收应具备下列资料:
1. 工程合同及设计技术文件。
2. 竣工图纸和竣工技术文件,包括:(1)系统结构图;(2)各子系统原理图;(3)施工平面图;(4)电气接线图;(5)监控中心设备布置图。
3. 工程实施和质量控制记录:(1)设备及材料进场检验表(GB 50339 附录 B 中表 B.0.1);(2)隐蔽工程验收表(GB 50339)附录 B 中表 B.0.2);(3)绝缘电阻和接地电阻测试记录;(4)工程安装质量及观感质量验收记录(GB 50339 附录 B 中表 B.0.4);(5)系统测试记录;(6)试运行记录(GB 50339 附录 B 中表 B.0.5)。
4. 设备和系统检测记录(GB 50339 附录 C 中表 C.0.1、表 C.0.2、表 C.0.3)。
5. 技术、使用和维护手册。
6. 售后服务条款。
7. 其他另有规定的文件。

11.1.0.19 为使住宅智能化系统建成后能长期正常地运行,施工单位应及时协助建设单位和物业管理单位组建运行管理队伍,健全管理制度,并对运行管理人员进行培训。参加培训人员需经考核合格,具备独立上岗能力。

11.2 导管和线槽敷设

一般规定

11.2.0.1 本节规定适用于住宅智能化工程各子系统电缆导管、电缆线槽的敷设。

设计要点

11.2.0.2 导管与线槽的尺寸应满足下列要求：

1. 导管截面积利用率不大于40%。
2. 线槽截面积利用率不大于60%。
3. 墙体中预埋导管最大外径不宜大于50mm，楼板中预埋导管最大外径不宜大于25mm。

11.2.0.3 明敷在潮湿场所或埋设在地下的金属导管应选用水、煤气钢管；埋设在混凝土内或墙内的PVC绝缘导管应采用中型以上的导管。

11.2.0.4 电缆导管与下列功能管道的距离应符合下列要求：

1. 距燃气管：平行净距不小于0.3m，交叉净距不小于20mm。
2. 距热力管：有保温层，平行净距不小于0.5m，交叉净距不小于0.3m；无保温层，平行净距不小于0.5m，交叉净距不小于0.5m。
3. 距电气线缆导管：平行敷设时不小于0.3m，交叉时保持垂直交叉。

11.2.0.5 敷设在地下停车场的导管和线槽的安装位置、走向、标高，应与消防、电气、采暖通风等相关专业相协调，且标高距地不应小于2.2m。

11.2.0.6 线槽穿过墙体、楼板时，穿越处应预留孔洞。

11.2.0.7 住户私有的停车房或储物间不许设置公用的箱体，明敷的导管和线槽也不宜从其间穿过。

11.2.0.8 智能化系统的总线接线盒（箱）应设在弱电竖井或公用楼道墙体上，不应置于住户室内。

材料要求

11.2.0.9 导管进场应验收并符合本章第11.1节"材料要求"中的有关规定，同时应达到下列要求：

1. 材质、管径、壁厚应符合设计要求。
2. 钢导管无压扁，内壁光滑无毛刺；镀锌钢管镀层均匀，覆盖完整，表面无锈斑；非镀锌钢管无严重锈蚀；PVC管不碎裂，表面有阻燃标记和制造厂标。

11.2.0.10 线槽进场应验收并符合本章第11.1节"材料要求"中的有关规定，同时应达到下列要求：

1. 规格、型号符合设计要求且部件齐全。
2. 表面光滑、无碰伤、不变形；钢制线槽镀层涂漆无脱落、表面无锈蚀。

施工要点

11.2.0.11 敷设电缆导管应满足：

1. 导管的路由应符合设计要求。
2. 导管的埋深应符合下列规定：（1）导管外壁距墙表面不得小于15mm；（2）室外导管埋深不应小于0.7m；（3）埋设在现浇混凝土楼板内的导管应敷设在底层钢筋和上层钢筋之间。
3. 现浇混凝土板内并列敷设的导管管距不应小于25mm。
4. 导管连接应符合下列要求：（1）PVC管应采用套管连接，导管插入深度不小于1.5倍导管外径，对接的管口应光滑平齐，连接时结合面应采用专用粘合剂粘接牢固；

(2) 钢导管熔焊连接时,应采用套管熔焊,套管长度不小于2倍导管管径,对接管口光滑平齐,焊接后表面要做防腐、防锈处理;(3) 室外暗埋的金属导管在手孔井处断接时,应采用圆钢熔焊跨接接地线,圆钢直径不应小于14mm;(4) 导管与线盒、线槽、箱体连接时,管口必须光滑,盒(箱)体或线槽外侧应套锁母,内侧应装护口。

5. 敷设导管时,直管段每超过30m,或含有一个弯头的管段每超过20m,或含有两个弯头的管段每超过15m,或含有3个弯头的管段每超过8m,应加装拉线盒。

6. 导管敷设后,需做好管口的封口处理,防止浇注时或穿线作业前杂物落入管内造成管路堵塞。

7. 金属导管接地必须可靠。镀锌钢导管跨接接地线时,应采用专用接地卡,接地卡间使用截面积不小于$4mm^2$的铜芯导线连接;非镀锌钢导管采用螺纹连接时,连接处两端应熔焊跨接接地线。

8. 导管通过伸缩缝或沉降缝时应有补偿措施,穿越有防火要求的区域时墙体洞口应做防火封堵。PVC管在穿出地面或楼板时应采取保护措施,以免受机械损伤。

9. 导管在砌体上剔墙敷设时,应采用强度等级不小于M10的水泥砂浆抹面保护,保护层厚度不小于15mm。

10. 金属软管作电缆套管时,长度不宜超过2m,且应采用管卡固定,固定点间距不应大于0.5m。金属软管与盒(箱)体或线槽间应采用锁母固定连接,并按照配管固定接地。

11. 暗埋导管布管后,应按照施工图逐一检查,确保埋设位置正确、没有漏埋、连接可靠、并经隐蔽工程随工验收合格后,填写"隐蔽工程随工验收单",才可以实施隐蔽作业。

11.2.0.12 敷设线槽应满足:

1. 应按照设计要求确定线槽支架安装位置及路由,经测量、定位、划线后,才能安装支架。

2. 支架间距当设计无要求时,水平段取1.5~3m,竖直段取不大于2m;在线槽接头处及转弯处、离线槽出口0.5m处,均应安装支架。支架应固定牢固、横平竖直、整齐美观、同一直线段上的支架间距应均匀。

3. 水平段线槽盖板距楼板底不小于300mm,距横梁底不宜小于50mm。

4. 金属线槽必须可靠接地,全长应不少于两处与接地(PE)或接零(PEN)干线相连。当金属线槽连接处两端采用跨接地线时,应使用截面积不小于$4mm^2$的铜芯导线。镀锌金属线槽连接板两端应有不少于2个用防松螺帽或有防松垫圈连接的固定螺栓。

5. 线槽在跨越建筑物变形缝时应设置补偿装置;直线段钢制线槽长度超过30m时,应设置伸缩节。

6. 线槽转弯处应满足槽内敷设电缆所允许的弯曲半径的要求。

7. 敷设在竖井内和穿越不同防火区的线槽,应有防火隔堵措施。

质量要求

11.2.0.13 用拉线、尺量检查线槽的平倾斜度及垂直度,其偏差每米不应超过2mm,线槽总长超过5m时,偏差不应超过10mm。

11.2.0.14 用样板尺检查导管的弯曲半径，必须符合设计要求。

11.2.0.15 目测检查线槽外观，不允许出现扭曲变形，镀层或涂漆必须完好，无锈斑；线槽固定牢固并有防松措施，对口无错边。

11.2.0.16 导管弯曲处表面无裂缝无凹陷；成排敷设的导管，其高度及弯曲弧度应一致，排列应横平、竖直、整齐。

11.2.0.17 按5%的比例，检查导管与接线盒（箱）、线槽的连接，应达到设计要求。

11.2.0.18 检查金属导管，金属线槽的接地电阻应符合规范要求。

11.3 电（光）缆敷设与连接

一般规定

11.3.0.1 本节规定适用于住宅智能化工程各个子系统电（光）缆敷设与连接。

设计要点

11.3.0.2 工程中选用的电缆的种类、型号、规格应满足相关设备的技术要求。

11.3.0.3 应有线槽内电缆排列图。

11.3.0.4 应有可供识别的电缆编号的设计。

11.3.0.5 接线箱、操作台、监视柜应有接线图。

材料要求

11.3.0.6 电线、电缆进场应验收并符合本章第11.1节"材料要求"中的有关规定，同时应达到下列要求：

1. 有3C认证要求的电缆必须通过认证并具备认证标志。
2. 包装完好，绝缘层厚度均匀，无损伤，电缆无压扁、无扭曲、不松卷。
3. 抽样检测线芯截面积和电缆绝缘电阻，线芯截面积误差不得大于标称面积的2%，电缆绝缘电阻不小于20MΩ。
4. 对有异议的电缆应进行见证取样检测，检测合格后该批电缆方可使用。
5. 对绞电缆电气性能、传输性能应符合《数字通信对绞/星绞对称电缆》（YD/T831）的相关规定。

11.3.0.7 光缆进场应验收并符合本章第11.1节"材料要求"中的有关规定，同时应达到下列要求：

1. 光缆的型号、规格符合设计规定。
2. 具有产品合格证及检验测试数据。
3. 光缆外表无损伤，端头封装良好。
4. 光跳线两端的活接头应有保护盖帽，光跳线中光纤的类型应有明显的标志。

施工要点

11.3.0.8 电缆敷设应具备下列条件：

1. 建筑抹灰及地面工程已经结束。
2. 已完成线槽安装并经工程验收合格。
3. 与导管连接的盒、箱、柜、槽均已安装到位并经检查合格。
4. 金属线槽、金属导管接地及其他焊接工作已完成并经检查合格。

5. 导管及线槽内杂物已清理干净，积水已经排除。
6. 电缆经绝缘电阻和导通测试合格并经型号、规格确认符合设计要求。

11.3.0.9 桥架中电缆敷设的要求：

1. 电缆在桥架中应按设计规定的排列有序地进行敷设，敷设时电缆应自然平直布放，不得出现扭绞和打圈，不允许损伤电缆护套，线槽中电缆不应有接头。
2. 水平线槽中敷设的电缆每隔5～10m，或在首尾两端、转弯处两侧应设固定点；竖直线槽中敷设的电缆固定点间距不大于1m。
3. 线槽内电缆敷设后，应盖好盖板并锁紧。电缆出入口应做封口处理。

11.3.0.10 导管内电缆敷设的要求：

1. 同穿在一根导管内的电缆不应扭绞打结，电缆在导管内不应有接头。
2. 敷设在地下导管内的电缆应做到"一线到位"，在手孔井中或导管内不应有接头；电缆在手孔井内应有套管保护，套管两头应插入导管内，并做好管口封堵防水处理。
3. 电缆在吊顶内或从导管端口引入前端设备时，应采用软管保护并按规定做好连接。
4. 严禁将电缆直接埋入墙内或地板中。
5. 电缆敷设时两端应留有余量：（1）接线盒内为100～200mm；（2）箱体内为箱体四周周长的一半。
6. 多芯电缆敷设的弯曲半径不应小于6倍的电缆外径；同轴电缆敷设的弯曲半径不应小于15倍的电缆外径。
7. 电缆出入建筑物、电缆沟、竖井、柜、盘、箱、台、桥架及管口应做好封口密封处理。
8. 电缆敷设到位后，应将电缆盘入盒内或箱内，并要防止水进入盒、箱体内；暂不作接线时，应将电缆端头密封，防止芯线受潮氧化。
9. 电缆敷设后两端应加永久性的电缆编号标志，电缆编号应符合设计规定，书写端正、清晰、正确。

11.3.0.11 光缆敷设的要求：

1. 敷设前应核对光缆长度，按施工图给出的敷设长度选配光缆，配盘时应使接头避开河沟、道路和其他障碍物。
2. 光缆经检查确认光纤无断点、光纤衰减值符合设计要求后才能敷设。
3. 光缆与电缆同管敷设时，应在暗管内预置塑料子管，子管内径应不小于光缆外径的1.5倍。光缆敷设在子管内，电缆敷设在子管外。
4. 布放光缆时，光缆的牵引端头应作技术处理，并应采用能自动控制牵引力的牵引机牵引；牵引力不得超过150kg，牵引速度宜为10m/min，一次牵引的直线长度不宜超过1km。管道光缆敷设时，光缆应由人工逐个人孔牵引。
5. 光缆敷设的弯曲半径不应小于光缆外径的20倍，敷设时不应损伤光缆。
6. 光缆敷设时应按设计要求留有余量，设计未做规定时，盘留3～5m。
7. 光缆敷设后，光缆敷设的损耗经检测合格后，才能进行光缆的接续。
8. 光缆的接续应由受过专门训练的人员来操作，接续时应采用仪器进行监视，使接续损耗达到表11.3.0.11的要求。

9. 光缆接续后应做好保护,装好接头护套;接续点和终端应做永久性标志。

光纤接续损耗表(dB) 表 11.3.0.11

光纤类别	多 模		单 模	
	平均值	最大值	平均值	最大值
独接	0.15	0.30	0.15	0.30
机械接续	0.15	0.30	0.20	0.30

11.3.0.12 电缆接线的要求:

1. 导线应经绝缘电阻检查合格后才能进行接线。
2. 剥除电缆护套时不应损伤导线绝缘层,剥除导线绝缘层时不应损伤芯线。
3. 导线接头应采用焊接或端子连接,采用端子连接时,端子应拧紧,防松零件应齐全,每个端子最多连接 2 根导线。
4. 浴室、卫生间等潮湿环境的导线线头应先搪锡再连接或直接采用焊接。
5. 缆线屏蔽层应与接插件屏蔽罩 360°圆周接触,接触长度不宜小于 10mm。
6. 对绞电缆终接时,每对对绞线应保持扭绞状态,五类线扭绞松开长度不应大于 13mm。
7. 对绞线与 8 位模块式通用插座相接时,必须按色标和线对顺序进行卡接。端接时插座类型、色标和编号应符合 T586A 或 T568B 端接标准的规定,在同一住宅小区中宜采用同一种端接标准。
8. 在盒、箱、柜、台及设备内,布线应整齐美观,线缆宜绑扎成束且线号标志正确完整。
9. 按接线的规定接线,接线无误且接触可靠。
10. 8 位模块式通用插座与交接配线设备间的对绞电缆的线路连接,不应存在反向线对、交叉线对或串对的错误,连接电缆长度应符合设计规定。
11. 水平电缆敷设后,其近端串扰应大于 24dB,衰减应小于 23.2 dB。

质量要求

11.3.0.13 按 5% 的比例,检查盒(箱)体、操作台、监视柜内布线及接线质量,应达到布线整齐、接线可靠、线标齐全。

11.3.0.14 查验系统绝缘电阻测试记录,电缆芯线间及导线与金属导管间绝缘电阻应符合规范要求。

11.4 安全防范子系统

11.4.1 访客对讲装置

一般规定

11.4.1.1 本节规定适用于访客对讲装置的施工。

设计要点

11.4.1.2 访客对讲装置分非可视与可视两类,根据住宅使用性能的要求,构成小区联网型和楼道独立(非联网)型访客对讲系统。

11.4.1.3 访客对讲门口机宜安装在防雨淋的楼道外。可视对讲门口机宜装在侧面墙上，避免逆光影响图像效果。

11.4.1.4 为避免住户二次装修时使对讲装置的总线短路，系统入户线与总线间宜设置短路保护器加以隔离。

11.4.1.5 在火灾等紧急情况下，电控锁应能自动释放，大门应朝外开。

11.4.1.6 为避免扰民，宜采用静音型电控锁。

材料要求

11.4.1.7 访客对讲设备进场应验收并符合本章第11.1节"材料要求"中的有关规定，同时应达到下列要求：

1. 设备的品牌、型号、规格、数量与设计一致。
2. 包装完好，配件齐全，外壳无碰伤，内件无松动。

11.4.1.8 访客对讲设备进场后应经通电检查及功能检查合格后才可安装。检查比例如下：

1. 门口机和管理员机：100％。
2. 室内机：10％。
3. 短路保护器：10％。
4. UPS电源：100％。

施工要点

11.4.1.9 访客对讲设备安装前应具备下列条件：

1. 建筑装饰工程已完成，户内门、窗均已安装。
2. 楼道入口防盗门已安装到位。
3. 系统电缆已敷设。
4. 设备经进场验收及性能检查合格。
5. 具备系统安装调试所需电源。

11.4.1.10 设备安装时螺丝应上齐拧紧，并有放松措施；外观应做到横平竖直、设备外壳无损伤；接线正确，接触良好、可靠。

11.4.1.11 门口机安装时其操作键盘距地1.3～1.5m，摄像机镜头距地1.5～1.7m。安装门口机应有防震、防淋、防拆措施。

11.4.1.12 室内机安装应紧贴墙面，其中心的安装高度距地1.4～1.5m，并与并列安装的电气开关取齐。

11.4.1.13 闭门器安装后应反复调整其拉力和关门速度，以降低防盗门关门时的噪声。

11.4.1.14 对不具备逆光补偿功能的可视门口机，宜作环境亮度处理。

11.4.1.15 管理员机安装应平稳牢固，便于操作。

质量要求

11.4.1.16 门口机、管理员机应能正常呼叫室内机，呼叫时室内机不应出现串号现象，门口机、管理员机应能听到回铃声。

11.4.1.17 门口机、室内机、管理员机三者之间呼通后应能双向通话，通话时话音清晰，无明显噪声，声级一般不低于60dBA。

11.4.1.18 室内机应能遥控开锁；具有密码开锁或感应卡开锁功能的门口机，相应的开锁功能应正常。

11.4.1.19 可视对讲画面应达到可用图像的要求（一般水平清晰度不低于200线，灰度等级不低于6级，边缘允许有一定几何失真、无明显干扰）。门口机CCD的红外夜视功能应正常。

11.4.1.20 系统备用电源在市电断电时应能自动投入并能维持工作不少于8h。

11.4.2 住宅报警装置

一般规定

11.4.2.1 本节规定适用于住宅报警装置的施工。

设计要点

11.4.2.2 住宅报警装置应根据不同户型和环境，确定需要防护的部位，设计防区平面布置图。防区的设置应能有效地探测入侵者从住户门、窗非法入侵的行为或在室内作案的警情，并能及时向小区控制中心发送报警信号。

11.4.2.3 住宅报警装置应由入侵探测器、住户报警主机（控制器）、中心接警设备组成。中心接警设备应能正常接收、显示住户报警主机（控制器）的布/撤防、报警信息，并能进行实时记录、打印。存储记录的保存时间应满足管理要求。

11.4.2.4 系统应具备防拆报警、信号线路故障（开路、短路）报警、电源线断路报警功能。

11.4.2.5 住宅报警入侵探测器盲区边缘与防护目标间的距离应≥5m；探测器的作用距离、覆盖面积，宜具有25%～30%的余量，并能通过灵敏度进行调节。

11.4.2.6 已建立区域性安全报警网络的地区，中心报警设备应具备报警信号联网上传功能的通信接口。

材料要求

11.4.2.7 住宅报警设备进场应验收并符合本章第11.1节"材料要求"的有关规定。

11.4.2.8 设备进场后按5%的比例进行功能性试验，抽检合格率应达到100%。

11.4.2.9 利用公用电话网或公共数据网传输报警信号时，住户报警主机（控制器）应符合公共网的入网要求，并具备相应的入网许可证。

11.4.2.10 微波多普勒探测器、被动红外探测器、微波与被动红外复合探测器、主动红外探测器必须经过3C认证并具备认证标志。

施工要点

11.4.2.11 住宅报警设备安装前应具备下列条件：
1. 建筑装饰工程已完成，户内门、窗均已安装。
2. 系统电缆已敷设。
3. 设备到场并经进场验收及功能抽检合格。
4. 具备系统安装调试所需电源。
5. 作业人员已了解各探测器安装位置及其防护区域。

11.4.2.12 应配合装饰专业，在安装门、窗时及时将门、窗磁安装到位。

11.4.2.13 被动红外探测器靠墙安装的安装高度距地2.2m，探测器与墙面倾角应能覆盖设计规定的全部防护区域。

11.4.2.14　吸顶式被动红外探测器不应安装在防护部位上方的顶棚上，应水平安装。

11.4.2.15　被动红外探测器宜安装在热源正上方，不准正对空调、换气扇，其视窗不应正对强光源或阳光直射的窗户。

11.4.2.16　红外探测器正前方不准有遮挡物，同时应避免窗帘飘动的影响。

11.4.2.17　燃气泄漏探测器安装高度应符合下述规定：当燃气比空气重，下缘距地面300mm；当燃气比空气轻，下缘距房顶300mm。

11.4.2.18　紧急按钮宜安装在隐蔽、在紧急状态下人员易于可靠触发的部位。

11.4.2.19　住户报警主机（控制器）安装应横平竖直、固定牢靠。

质量要求

11.4.2.20　探测器安装后应对其防护范围、灵敏度以及防误报、防漏报、防宠物、防拆报警功能逐一进行调试和测试，均应正常并符合设计要求。

11.4.2.21　住户报警主机（控制器）安装后应对其布/撤防功能、旁路功能、本地/异地报警功能、报警优先功能、防拆报警功能、自检及报警显示功能逐一进行调试和测试，均应正常并符合设计要求。

11.4.2.22　系统完成调试后，随机抽取10%的住户，检查探测器、住户报警主机（控制器）、中心接警设备各部分的功能是否正常。抽检合格率应达到100%。

11.4.2.23　报警装置在市电断电时，备用电源应能自动投入并能持续工作24h。

11.4.3　周界防越报警装置。

一般规定

11.4.3.1　本节规定适用于住宅小区周界防越报警装置的施工。

设计要点

11.4.3.2　周界防越报警装置应根据住宅小区周边围栏（墙）形状、高度、长度和干扰源情况及气候条件，确定采用探测器的类型和数量。

11.4.3.3　应在周界防范区域设置监视区，对其警情应具有图像复核手段。在探测器被触发时，联动系统应能自动开启报警现场照明灯，自动启动监控摄像机、录像机，调入相应的监视画面并给予录像。

11.4.3.4　周界防越报警装置应由住宅小区监控中心监控，发生非法跨越事件时，中心应能实时发出声光报警并在模拟屏上显示报警部位、报警时间，自动记录报警信息，所记录报警信息及图像资料保存时间应符合设计要求且不得少于7d。

材料要求

11.4.3.5　设备进场应验收并符合本章第11.1节"材料要求"中的有关规定。

11.4.3.6　设备进场后应进行功能性试验，并达到设计及产品的技术要求。

11.4.3.7　主动红外探测器不适宜在气候恶劣，特别是经常有浓雾、毛毛细雨的地域内使用；在气候恶劣的环境中使用的主动红外探测器，应具备在浓雾或恶劣天气下能自动增加灵敏度的功能。

施工要点

11.4.3.8　周界防越报警设备安装前应具备下列条件：

1. 小区周边围栏（墙）已完成施工。
2. 设备都已到位，电缆敷设业已完成。
3. 报警中心已能进行接警工作。

11.4.3.9 应配合小区周界围栏（墙）施工人员，在围栏（墙）施工时及时埋设周界防越报警装置的电缆导管。

11.4.3.10 主动红外探测器宜隐蔽安装，安装时防区应交叉，防护范围内不应有盲区，特别应注意避免树叶晃动的影响。

11.4.3.11 主动红外探测器及其支架安装应牢固，刮风时不应引起误报；在周界拐角处不宜将两个防区的接收器相邻安装，否则应对相邻防区发射器的光束采取遮挡措施。

11.4.3.12 电缆振动探测器的传感电缆敷设时，每隔200mm应固定一次，每隔10m应留一个半径80mm左右的维护环。

11.4.3.13 传感电缆穿越大门敷设时，应将电缆穿入埋入深度不小于1m的金属导管中。

质量要求

11.4.3.14 小区周界任一防区发生翻越事件时，中心应接到报警信号并发出警声，模拟图上应正确显示发生报警的防区。

11.4.3.15 周界防越报警装置的前端设备被拆或连接线路被切断时，系统应发生报警。

11.4.4 闭路电视监控装置

一般规定

11.4.4.1 本节规定适用于住宅闭路电视监控装置的施工。

11.4.4.2 应根据设计任务书的要求以及监控点的实际情况确定摄像机类型，其技术指标应满足监视现场需要。

11.4.4.3 监视目标应具有一定的光照度：黑白电视监控系统的监视目标最低照度不应小于10Lx；彩色电视监控系统的监视目标最低照度不应小于50Lx。达不到照度要求时，前者宜采用高压水银灯，后者宜采用碘钨灯作照度补偿。没有条件作照度补偿时，应采用低照度或超低照度的摄像机。

11.4.4.4 住宅闭路电视监控装置视频信号一般采用视频同轴电缆进行传输；大型居住区传输距离较远，或是环境干扰噪声较强时，宜采用光缆进行传输。

11.4.4.5 黑白电视基带信号为5MHz时，在不平坦度≥3dB处，宜加电缆均衡器；在不平坦度≥6dB处，宜加电缆均衡放大器。彩色电视基带信号为5.5MHz时，在不平坦度≥3dB处，宜加电缆均衡器；在不平坦度≥6dB处，宜加电缆均衡放大器。

11.4.4.6 摄像机宜由监控中心集中供电。当摄像机采用220V交流电源供电时，电源线应单独敷设在接地良好的金属导管内，不应和信号线、控制线共管敷设。

11.4.4.7 监控中心的供电电源应有专用配电箱，宜有两路在末端切换的独立电源供电，其容量不应低于系统额定功率的1.5倍。

11.4.4.8 宜与周界报警装置构成联动系统，以便发生报警时对报警现场进行监视。

材料要求

11.4.4.9 设备进场应验收并符合本章第11.1节"材料要求"中的有关规定。

11.4.4.10 设备到场后应100%进行通电试验和性能试验，应达到设计及产品的技术要求。

施工要点

11.4.4.11 摄像机安装前应预先调整其焦面同步，使图像质量达到要求后方可安装。安装后还应对其监视范围、聚焦、后靶面进行调整，使图像效果达到最佳状态。

11.4.4.12 室外安装的摄像机离地不宜低于3.5m，室内安装的摄像机离地不宜低于2.5m。

11.4.4.13 电梯轿厢内的摄像机应安装在厢门上方的左或右侧，并能有效监视厢内乘员的面部特征；电梯轿厢的视频同轴电缆及电源线，宜由建设方向电梯供应商提出配套供应，以保证图像质量。

11.4.4.14 摄像机立杆安装强度应达到能抗拒安装环境可能出现的最大风力的要求，立杆安装基础应稳固，地脚螺栓应配齐拧紧，防松垫片应齐全。

11.4.4.15 安装云台时螺丝应上紧，固定应牢靠，云台的转动应灵活、无晃动，云台的转动角度范围应满足设计要求。

11.4.4.16 监控中心操作台、机柜、机架安装应符合下列要求：

1. 操作台正面与墙的净距不应小于1.2m；主通道上其侧面与墙或其他设备的净距不应小于1.5m，次通道上不应小于0.8m。
2. 机柜、机架的背面和侧面与墙的净距不应小于0.8m。
3. 应有稳固的基础，螺丝应上齐拧紧。
4. 安装垂直度偏差不大于1.5mm/m。
5. 相邻两柜（台）顶部高差不大于2mm，总高差不大于5mm。
6. 相邻两柜（台）正面平面度偏差不大于1mm，5面以上相连接的平面度总偏差不大于5mm。
7. 操作台、机柜上的各种零件不得碰坏或脱落，漆面如有脱落应予补漆。
8. 各种标志应完整、清晰。

11.4.4.17 监控中心控制设备、开关、按钮操作应灵活、方便、安全。对前端解码器、云台、镜头的控制应平稳，图像切换、字符叠加功能应达到设计要求。

11.4.4.18 录像应能正常显示摄像时间、位置；录像回放质量，至少应达到能辨别人的面部特征的水平；现场图像记录保存期限应符合设计规定，但不得少于7d。

11.4.4.19 具有报警联动功能的监控系统，当报警发生时，应自动开启指定的摄像机及监视器，显示现场画面，录像设备也应以单画面形式记录报警现场图像。

质量要求

11.4.4.20 质量验收时摄像机抽检数量应不低于总数的20%且不小于3台，监控中心设备应100%检测。

11.4.4.21 图像质量应达到下述指标：

1. 黑白监视系统水平清晰度应≥400线。
2. 彩色监视系统水平清晰度应≥270线。
3. 灰度等级不低于8级。
4. 信噪比不低于38dB。

5. 图像质量的主观评价不低于4级。

11.4.4.22 操作台、机柜、设备的防雷与接地应符合"GB 50339"第11节的有关要求。系统接地电阻当采用专用接地装置时，不应大于4Ω；采用综合接地时，不应大于1Ω。

11.4.5 电子巡更装置

一般规定

11.4.5.1 本节规定适用于住宅电子巡更装置的施工。

设计要点

11.4.5.2 根据现场条件及用户需求，可选择在线式或是离线式的巡更方式，但应便于设定、读取、查询、修改与监督。

11.4.5.3 在线式巡更系统应具有异常情况下的即时报警功能。离线式巡更系统巡更人员应配备无线对讲机。

11.4.5.4 根据现场需要确定巡更点的数量，巡更点的设置应以不漏巡为原则，安装位置应尽量隐蔽。

11.4.5.5 宜采用计算机随机设定巡更路线和巡更间隔时间的方式。计算机可随时读取巡更时所登录的信息。

11.4.5.6 巡更系统应能按照预定的巡逻图，对巡更的人员、地点、顺序及时间进行监视、记录、查询及打印。

材料要求

11.4.5.7 设备进场验收并符合本章第11.1节"材料要求"中的有关规定。

11.4.5.8 设备进场后需经功能测试，测试合格后才允许使用。

施工要点

11.4.5.9 应与小区物业管理协商，确定信息开关或信息钮的安装位置。

11.4.5.10 信息开关及信息钮安装高度距地面为1.3~1.5m，安装应牢固、端正、不易受破坏，户外应有防水措施。

11.4.5.11 巡更装置安装后应经调试并达到下列要求：

1. 巡更系统信息开关（信息钮）、读卡机、计算机及输入接口均能正常工作。
2. 检查在线式巡更站的可靠性、实时巡更与预置巡更的一致性，并查看记录、存储信息以及发生巡逻人员不到位时的即时报警功能。
3. 检查离线式巡更系统，确保信息钮的信息正确，数据的采集、统计、打印等功能正常。

质量要求

11.4.5.12 检验巡更系统巡更设置功能。在线式巡更系统应能设置保安人员巡更软件程序，应能对保安人员巡逻的工作状态（是否准时、是否遵守顺序等）进行监督、记录，发生保安人员不到位时应有报警功能；离线式巡更系统应能保证信息识读准确、可靠。

11.4.5.13 检验巡更系统记录功能，应能记录执行器编号、执行时间、与设置程序的对比等信息。

11.4.5.14 检验巡更系统记录功能，应能有多级系统管理密码，对系统中的各种动作均应有记录。

11.5 管理与设备监控子系统

11.5.1 自动抄表装置

一般规定

11.5.1.1 本节规定适用于自动抄表装置的施工。

设计要点

11.5.1.2 住宅自动抄表装置应能对住户的水、电、燃气、热（冷）能等表具的读数实现远程抄收，通过系统可对其进行查询、统计、打印及费用计算。

11.5.1.3 设计文件中应有表具数据探测电缆编号表。

材料要求

11.5.1.4 住户现场计量所选用的表具应符合国家产品标准，应具有产品合格证和计量检定书，并经当地相关的职能部门核准。

11.5.1.5 数据采集部件进场时应经进场验收合格，并经性能抽样测试合格方可安装。抽样数量不低于总数的10%且不小于10个，总数少于10个时全部测试。

施工要点

11.5.1.6 自动抄表装置施工前应具备的条件：
1. 供水、燃气、冷（热）源工程配管施工已经结束。
2. 表具已安装到位。

11.5.1.7 表具的数据探测电缆不应外露，需用软管保护，软管需加固定，软管与表具壳体应使用专用接头连接。

11.5.1.8 数据采集部件不宜装于厨卫等潮湿环境中，安装在潮湿环境中的数据采集部件应采取可靠的防潮措施。

11.5.1.9 从数据采集器箱引至各表具的电缆，应设置线号标志，线号应符合设计规定且能长期保存、字迹清晰。箱体内宜附有接线表，以便维修。

11.5.1.10 系统安装接线后，应对接线的正确性进行复查，确保数据采集部件与表具正确对应。

11.5.1.11 系统投入使用后应及时将表具的原始读数输入到抄表计算机中，以保证远程抄表的准确性。

11.5.1.12 业主进行厨、卫装修时，不应封堵表具读数盘，不应打断表具的探头线，以免影响系统正常工作。

质量要求

11.5.1.13 表具现场采集的数据与远传的数据应一致。每类表具抽检数量不低于总数的10%且不少于10个，总数少于10个时全部检测。

11.5.1.14 在市电断电时，系统不应出现误读数，数据应能保存4个月以上；市电恢复后，保存数据不应丢失。

11.5.1.15 系统应具有时钟、故障报警、防破坏报警功能。

11.5.2 车辆出入与停车管理装置

一般规定

11.5.2.1 本节规定适用于车辆出入与停车管理装置的施工。

设计要点

11.5.2.2 车辆出入与停车管理装置宜采用非接触卡方式控制车辆出入,应能自动控制出入口挡车器的启闭,对停放车辆能自动计时、自动计费、自动显示收费金额,并能自动进行统计。

11.5.2.3 车辆出入口出票机、读卡机、挡车器、地感线圈的安装位置应符合系统的技术要求,并和现场环境相适应。

11.5.2.4 挡车器的类型、尺寸、应符合安装现场的条件。

材料要求

11.5.2.5 设备进场应验收并符合本章第11.1节"材料要求"中的有关规定,同时应达到下列要求:

1. 按装箱单核对货物无误,设备的种类、型号、规格、数量与设计一致。
2. 包装完好,配件齐全,外壳无碰伤,内件无松动。
3. 零配件、随机技术资料齐全。

11.5.2.6 设备在现场安装前,应对其性能逐一进行检查,达到设计要求及产品技术指标后才能安装。

施工要点

11.5.2.7 设备安装位置应符合设计规定;当设计无要求时,读卡机和挡车器的中心距宜取 2.4~1.8m。

11.5.2.8 读卡机与挡车器的安装基础应平稳坚固、表面平整且高于地面,并有防撞措施。

11.5.2.9 设备安装时,固定螺丝应拧紧,防松零件应配齐,箱体应保持与水平垂直,不得倾斜,当露天安装时,应有防淋的措施。

11.5.2.10 感应线圈埋设位置及埋设深度应符合设计或产品使用的要求。感应线圈的引出线应采用金属管保护,引出线在金属管中不应有接头。

11.5.2.11 车位状况显示器应安装在车辆入口的明显位置,其底部距地面高度宜为 2~2.4m。车位引导显示器应安装在车道中央上方;车位状况显示器宜安装在室内,当露天安装时,应有防雨防晒措施。

11.5.2.12 安装后,应对系统进行调整,调整内容和要求如下:

1. 对车辆探测器的灵敏度进行调整,应能有效地探测车辆,探测地响应速度符合设计要求。
2. 对发卡器进行调整,应能正常发卡,并能正确记录车辆入场日期、时间。
3. 对验票机进行调整,应能正确验票。
4. 对读卡器进行调整,应能正确识别卡的有效性,且读卡距离达到设计要求。
5. 对挡车器进行调整,应能正常起落或启闭,且动作时间、动作范围符合设计的要求。
6. 对系统的防砸车功能进行调整及检查,应达到防砸有效、稳定可靠。
7. 对具有图像对比功能的停车场,应对探测出/入口车牌、车型的视频监控系统进行调整,达到对车牌、车型的图像记录清晰,调用图像的信息符合实际情况。

质量要求

11.5.2.13 系统对车辆进出的信息管理、计费、统计、显示、车牌号及车型复核、信息储存的时间应符合设计，并能满足管理的要求。

11.5.2.14 对车辆出入和停车管理的各项功能逐一进行检测，合格率应达到100%；车牌识别率应不低于98%。

11.5.3 紧急广播和背景音乐

一般规定

11.5.3.1 本节规定适用于紧急广播和背景音乐装置的施工。

设计要点

11.5.3.2 住宅小区背景音乐应能进行分区控制，分区的划分应与消防分区一致。

11.5.3.3 紧急广播与背景音乐共用设备时，其紧急广播应由消防控制中心控制，发生火灾或突发事件时，应强制切换为紧急广播并以最大音量播出。

11.5.3.4 应设置火灾紧急广播备用扩音机，其容量不应小于火灾时需同时广播的扬声器最大容量总和的1.5倍。

11.5.3.5 播音中心设备宜安装在标准机柜内，或安装在监控系统的操作台或机柜中，排放整齐，散热通风良好。

材料要求

11.5.3.6 播音设备的品种、型号、规格、数量应符合设计要求。产品合格证、零配件、随机技术资料应齐全。

11.5.3.7 安装在室外的音箱应能满足室外环境的要求。

施工要点

11.5.3.8 音箱（扬声器）安装部位应符合设计的规定，其安装基础应高出地面，以防音箱被雨水浸泡。音箱安装时要小心轻放，不得碰伤，排列整齐，固定牢靠。

11.5.3.9 按照系统分区及接地要求进行系统电缆敷设与连接。音箱接线可靠，并有防潮、防蚀、抗氧化措施。

11.5.3.10 安装后应对系统输出电频、信噪比、声压级、频宽、响度、音色等进行调试。播音系统的响度，音色，音度应与播音内容和环境相协调。

质量要求

11.5.3.11 紧急广播和背景音乐装置应按"GB 50339"中4.2.10款的规定进行系统检测并达到其要求。

11.5.3.12 背景音乐中心设备应100%检测，音箱抽检数量应不低于总数的10%且不少于10个，总数少于10个时全部检测。

11.5.3.13 系统的最高输出电频，输出信噪比，声压级和频宽等指标应符合设计要求，紧急广播强制切入功能正常有效。

11.5.4 设备监控装置

一般规定

11.5.4.1 本节规定适用于设备监控装置的施工。

设计要点

11.5.4.2 应能在物业管理中心或分控中心对小区的设备运行状态进行监控，包括给水排水设备故障报警，蓄水池、污水池高低水位报警，饮用蓄水池过滤、杀菌设备故障报警，变配电设备故障报警，电梯故障报警，小区场景照明的控制与调整，小区园林绿化浇灌的控制，集中供热设备运行状态及故障状态的监测等。

材料要求

11.5.4.3 设备进场应验收并符合本章第 11.1 节"材料要求"中的有关规定，同时应达到下列要求：

1. 设备的品牌、型号、规格、数量与设计一致。
2. 包装完好，配件齐全，外壳无碰伤，涂层完整，内件无松动。
3. 各类传感器、变送器、控制器、电动阀门随带的技术文件齐全。

施工要点

11.5.4.4 设备监控装置安装前，应具备下列条件：

1. 机房、弱电井的建筑施工已完成。
2. 已按设计规定预埋管和预留孔。
3. 受监控的设备已安装就位，并按设计文件的要求预留好控制信号接入点。

11.5.4.5 现场控制器应安装在光线充足，通风良好，便于操作，不容易受振动影响的地方；安装时连接应紧密，紧固件应有防锈措施。

11.5.4.6 各类传感器、压差开关、水流开关、温控开关应按设计规定位置进行安装，固定应牢靠，密封良好，流体介质不应外冒滴漏。

11.5.4.7 执行器应按设计指定的型号、规格、材质进行安装，安装时应保持流体流动方向与阀体标明的流向一致。阀的行程，阀芯泄漏率必须符合产品说明书的技术指标。

11.5.4.8 设备监控装置的调试要求：

1. 调试前应编制工程调试大纲，并经过审查批准后，有序地按照调试大纲的规定进行调试；调试应达到："GB 50339"中第 3.3 节的有关要求。
2. 调试工作应在专业工程师指导下进行。
3. 调试工作应在设备已完成并达到安装质量的要求，经检查系统接线正确、接地可靠、设备供电电压及电源极性正确后才能通电调试。
4. 应按照设备供货商提供的调试说明书中规定的方法、步骤进行调试。

11.5.4.9 系统调试后，施工单位应对传感器、执行器、控制器以及系统功能（包括联动功能）逐点逐项进行现场测试，必须全部符合设计要求。现场测试应填写系统自检表。

质量要求

11.5.4.10 工程质量验收应按"GB 50339"第 6 节的规定执行。

11.5.4.11 验收时设备检测的抽检的数量：传感器应不低于总数的 10% 且不少于 10 台，总数少于 10 台时全部检测；控制器和执行器抽检数量应不低于总数的 20% 且不少于 5 台，总数少于 5 台时全部检测，设备故障状态报警 100% 检测。检测合格率 100% 时为检测合格。

11.5.4.12 验收时还应提供系统控制原理图、监控点明细表等资料。

11.5.5 物业管理计算机系统

一般规定

11.5.5.1 本节规定适用于物业管理计算机系统的施工。

设计要点

11.5.5.2 小区物业管理中心配备计算机或局域网,配置适宜的物业管理软件,实现物业管理计算机化,并将安全防范子系统、自动抄表装置、设备监控装置在物业管理中心集中管理。档次较高的小区,可提供网上查询物业管理信息,电子商务、VOD、远程医疗、远程教育等服务。

材料要求

11.5.5.3 物业管理计算机系统的硬件设备、器材、软件配置应符合设计规定,软件必须是正版产品。

11.5.5.4 物业管理计算机系统的设备进场时,应按"GB 50339"中 3.2.5 款的规定进行检查,检查合格后才能使用;进场时还应检查设备的序列号并进行登记。

11.5.5.5 网络设备进场后应通电检查,需达到启动正常,状态指示灯显示正确。

11.5.5.6 计算机软件产品及系统接口的现场质量检查应符合"GB 50339"中 3.2.6 及 3.2.7 款的规定。

施工要点

11.5.5.7 物业管理计算机系统安装调试前应具备下列条件:

1. 已完成机房的建筑装饰工程,机房环境达到"GB 50339"中第 12 节的规定。
2. 已建立物业管理机构,规章制度健全,物业管理计算机系统的管理、操作人员已经到位。
3. 已具备物业管理计算机系统各种管理功能所需要的原始资料。
4. 已按设计要求完成了物业管理计算机局域网的布线、接线。

11.5.5.8 设备的安装位置、类型、规格、配置应符合设计规定。系统通电前应确认供电电压、极性无误后再通电。

11.5.5.9 安装后,应对系统前台、后台功能逐一进行测试,并按各功能模块的要求输入原始资料,包括:住户人员管理、交费管理功能,房产维修管理、公共设施管理功能,物业公司人事管理、财务管理、企业管理功能等方面的资料。

11.5.5.10 测试物业管理软件各项功能运行情况,应正常运行。

11.5.5.11 测试软件的响应时间、吞吐量、辅助存储区、处理精度等性能,应满足设计的要求。

11.5.5.12 检查软件的用户文档,应达到清晰,准确的要求。

11.5.5.13 软件安装调试后,应进行不少于一个月的试运行,依照试运行阶段的实际效果来考核软件的可靠性,应达到设计要求。

质量要求

11.5.5.14 物业管理计算机系统的质量验收应符合"GB 50339"的有关规定。系统经不少于一个月的试运行后,应达到运行稳定可靠、各项功能正常,并能有效提高物业管理的工作效率和服务质量。

11.5.5.15 操作系统、数据库管理系统、应用系统软件、信息安全及网管软件等商业化软件,应具有使用许可证并在允许的范围内使用。

11.5.5.16 质量验收时还应提供物业管理应用软件的测试记录。

11.6 信息网络子系统

11.6.1 电话网

一般规定

11.6.1.1 本节规定适用于住宅电话网的施工。

11.6.1.2 住宅小区内的电信线缆应由电信运营商负责设计、施工。

设计要点

11.6.1.3 电话网设计必须遵循电信行业的有关规定；并符合电信的接口要求。

11.6.1.4 住户电话线及电话插座应配置到位，小区居民入住时只需向电信营运商办理开通手续，即可开通电话。

11.6.1.5 智能化住宅小区每户至少应配置两路电话线。

材料要求

11.6.1.6 交接设备、配线模块、电话插座应有出厂检验证明材料。电话插座的部件应完整，塑料材质应符合设计要求。

施工要点

11.6.1.7 电话线与配线模块的连接必须按照设计文件中规定的电话端口与配线模块端口位置对应关系接线，应做到接线正确、接触可靠、标志齐全。

11.6.1.8 施工时应对每对电话线的导通进行检查，不应有断路或短路的情况。

11.6.1.9 电话插座下沿安装高度距地 0.3m。外观整齐，安装螺丝必须拧紧，安装后面板应加标志。

11.6.1.10 电话网安装后应按"GB 50339"第 4 节表 4.2.8 中规定的测试内容进行测试，测试方法、操作程序和步骤应符合国家和行业现行的有关标准和规范的规定，测试结果应符合"GB 50339"中 4.2.6、4.2.7 款的规定。

质量要求

11.6.1.11 电话网工程质量验收应符合"GB 50339"第 4 节的有关规定。

11.6.1.12 住户电话线路检测的合格率应达到 100%。

11.6.2 有线电视网

一般规定

11.6.2.1 本节规定适用于住宅有线电视网的施工。

设计要点

11.6.2.2 有线电视网设计必须遵循《有线电视系统工程技术规范》（GB 50200）的有关规定。

11.6.2.3 住户的有线电视同轴射频电缆及电视插座应配置到位，小区居民入住时只需向营运商办理开通手续，即可开通有线电视。

11.6.2.4 智能化住宅小区每户至少应配置两个电视插座。

11.6.2.5 最后一个分支器的主输出口，必须终接 75Ω 的终端负载电阻。

材料要求

11.6.2.6 设备进场应验收并符合本章第 11.1 节"材料要求"中的有关规定。

施工要点

11.6.2.7 施工前施工人员应熟悉施工图并了解工程特点、施工方案、工艺要求、质量标准。

11.6.2.8 不得将射频电缆与电力线同导管、同出线盒、同连接箱安装，明敷时两者平行间距不应小于0.3m。

11.6.2.9 分配放大器、分支分配器的分接箱应安装在弱电井（可明装）或楼道的墙上（宜暗装），分接箱下沿距地不宜小于2m。

11.6.2.10 电视插座面板下沿距地应为0.3m或1.5m。

11.6.2.11 有线电视网安装后应按"GB 50339"第4节表4.2.8中规定的测试内容进行测试，测试方法、操作程序和步骤应符合国家和行业现行的有关标准和规范的规定，测试结果应符合"GB 50339"中4.2.9款的规定。

质量要求

11.6.2.12 质量验收应符合"GB 50339"第4节的有关规定。

11.6.2.13 住户有线电视线路检测合格率应达到100%。

11.6.3 宽带接入网

一般规定

11.6.3.1 住宅小区宽带接入网的一般分为LAN宽带接入、HFC宽带接入和ADSL宽带接入三种方式，本节仅限于LAN宽带接入网的施工。

设计要点

11.6.3.2 智能化住宅小区每一住户至少应有一个信息插座，每个信息插座配备一条4对对绞电缆，并应与交换间或设备间的配线设备进行连接，配线设备至住户信息插座的配线电缆长度不应超过90m。

11.6.3.3 信息插座邻近至少应配置一个220V交流电源插座。

材料要求

11.6.3.4 接插件进场应验收并符合本章第11.1节"材料要求"中的有关规定，同时应达到下列要求：

1. 配线模块、信息插座、接插件的部件应完整，面板材质应满足设计要求。
2. 光纤插座连接器、光/电缆交接设备的型式、规格、数量应与设计相符。

11.6.3.5 网络设备开箱后应通电检查，设备应能正常启动，状态指示灯应能正常显示。有序列号的设备进场时必须登记设备的序列号。

施工要点

11.6.3.6 电缆、光缆的敷设和终接应符合本章11.3节的有关规定。

11.6.3.7 落地安装的机柜（架）应有稳固的基础，壁挂式机柜底面距地高度不宜小于300mm。机柜（架）安装垂直偏差应不大于3mm，安装时螺丝应拧紧配齐，机柜（架）商的各种零件不得碰坏或脱落，漆面应完整。

11.6.3.8 机柜（架）正面至少应有800mm的空间，机架背面距墙不应小于600mm。

11.6.3.9 背板式跳线架安装时，应先将配套的金属背板及接线管理架安装在墙上，金属背板与墙壁应紧固，再将跳线架装到金属背板上。

11.6.3.10 配线设备交叉连接的跳线应是专用的插接软跳线。

11.6.3.11 信息插座面板下沿距地应为300mm。

11.6.3.12 信息插座应是8位模块式通用插座，一条4对对绞电缆应全部固定终接在一个信息插座上。

11.6.3.13 工作区的电源插座应是带保护接地的单向电源插座，保护接地与零线应严格区分。

11.6.3.14 配线设备、信息插座、电缆、光缆均应有不易脱落的标志，并有详细的书面记录和图纸资料。

11.6.3.15 按照"GB 50339"第5.5节的规定对网络安全系统进行测试，信息的安全性能应符合设计要求。

质量要求

11.6.3.16 LAN宽带接入网工程质量验收应符合"GB 50339"第5节及第9节的有关规定。

11.6.4 控制网

一般规定

11.6.4.1 小区控制网有各种不同的方式，本节只适用采用LonWorks网络构成控制网的施工。

设计要点

11.6.4.2 按LON节点的数量和分布情况确定路由器的安装位置，应满足路由器负荷限制及总线长度的要求。

材料要求

11.6.4.3 设备、材料进场应验收并符合本章第11.1节"材料要求"中的有关规定。双绞电缆的扭绞应均匀，扭绞密度应符合要求。

11.6.4.4 家庭控制器进场后应对其功能进行抽检，抽检合格后才能使用。抽检数量为总量的10%，但不得少于10台，总量少于10台时全部检查。

施工要点

11.6.4.5 电缆的敷设应符合本章11.3节的有关规定。

11.6.4.6 路由器和家庭控制器安装时下沿距地不宜低于2.2m，安装后外观应整齐、平直，涂层无脱落，表面无锈斑。

11.6.4.7 家庭控制器与各个前端探测器或受控设备之间的连接电缆应有线号标志，箱体内宜附接线表，接线表应和实际接线情况一致。

11.6.4.8 路由器和家庭控制器之间的现场总线连接，应按照端子标志接线，不得接反。

质量要求

11.6.4.9 家庭控制器的报警功能，紧急求助功能，家用电器监控功能、表具数据采集与信息查询显示功能应正常，并符合设计要求。

11.6.4.10 控制网内各受控设备、传感器、执行装置信息交互功能正常，小区管理中心对其运行状态的实时监视及控制准确、有效。